南怀瑾像

南怀瑾晚年照（乌慈亲/摄于2010年除夕）

1989年回温州探望家人，南一鹏与大妈（左二）及大哥南宋钏（左一）、二哥南小舜（右一）合影

父亲与姐姐和我的朋友们合照

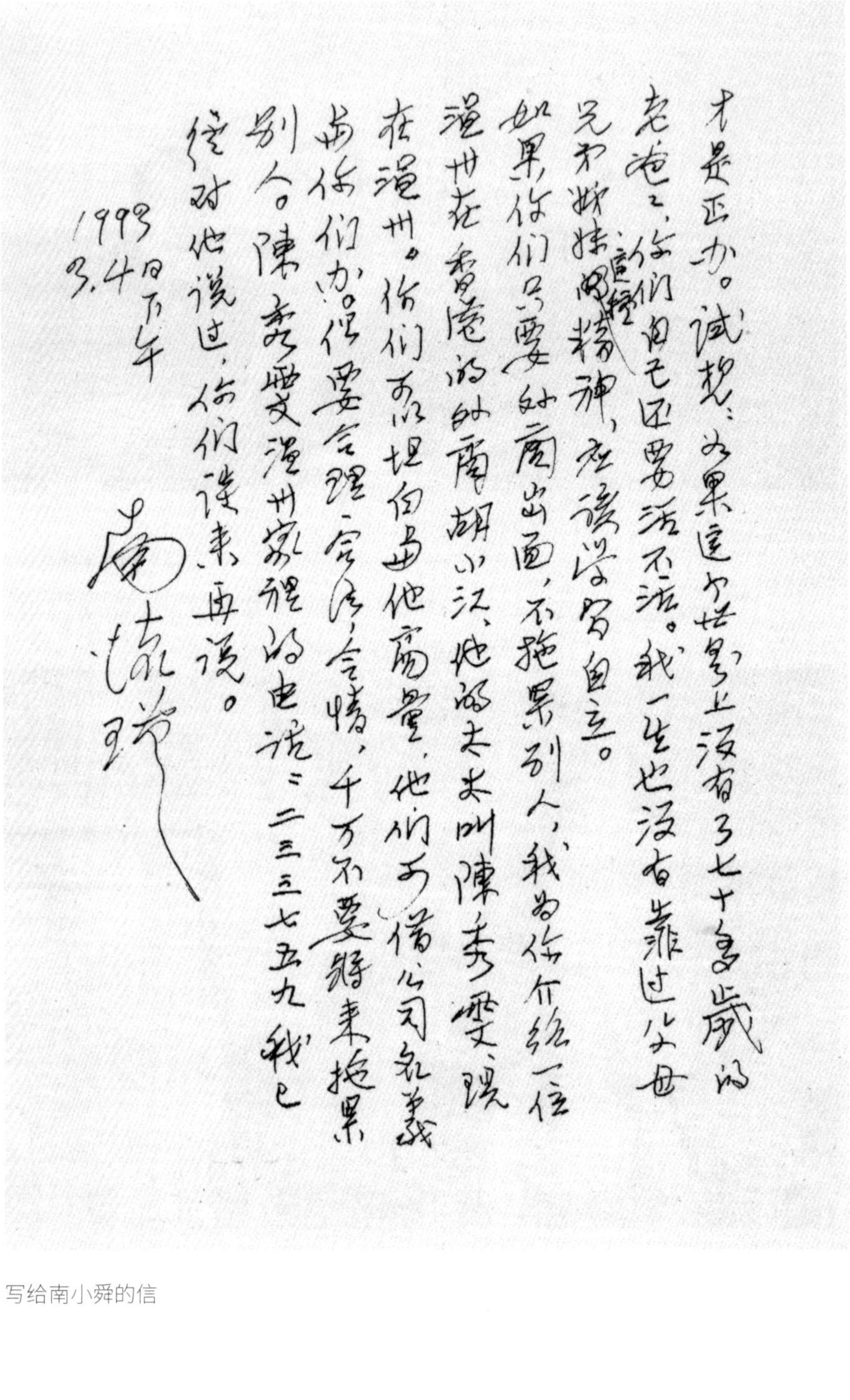

才是正办。试想：如果这个世界上没有了七十多岁的老爸爸，你们自己还要活下去。我一生也没有靠过父母兄弟姊妹，这种精神，应该学习自立。如果你们只要好商出面，不拖累别人，我为你介绍一位温州在香港的好商胡小江，他的太太叫陈秀雯，现在温州。你们可以坦白向他商量，他们有个公司名义由你们办。但要合理、合法、合情，千万不要将来拖累别人。陈秀雯温州家里的电话二三三七五九我已经对他说过，你们谈来再说。

南怀瑾
1993
3.4日下午

写给南小舜的信

南怀瑾家风家教

南一鹏——著
徐茹——整理

家風家教

中国大百科全书出版社

图书在版编目（CIP）数据

南怀瑾家风家教 / 南一鹏著；徐茹整理．—北京：中国大百科全书出版社，2021.5

ISBN 978-7-5202-0959-5

Ⅰ．①南… Ⅱ．①南… ②徐… Ⅲ．①家庭道德—中国 Ⅳ．① B823.1

中国版本图书馆 CIP 数据核字（2021）第 079788 号

出 版 人	刘国辉
策 划 人	邬四娟　曾　辉
责任编辑	邬四娟
责任印制	魏　婷
封面设计	张丽娜
出版发行	中国大百科全书出版社
社　　址	北京阜成门北大街 17 号　**邮政编码**　100037
电　　话	010-88390969
网　　址	http://www.ecph.com.cn
印　　刷	北京君升印刷有限公司
开　　本	710 毫米 ×1000 毫米　1/16
印　　张	15.5　**插页**　4
字　　数	165 千字
印　　次	2021 年 5 月第 1 版　2021 年 5 月第 1 次印刷
书　　号	ISBN 978-7-5202-0959-5
定　　价	58.00 元

自　序

与天下人同亲

家，是一群人。当一群人的作为有相同的态度，那么就会形成一股有影响力的风气。

态度决定作为，作为必有行动，行动就产生风气，风气就带出结果。这股风气就是家风，传递这种风气的就是家教。

今天，我们许多家庭中，父母带着小孩生活，这不能称作“家”，只称作一“户”，是“家”的一部分而已。

我们谈家教，必须先了解“家”这个概念。

所谓的家，是家族。家族是由血缘、亲属缘、婚姻缘、宗族缘联结而形成的。中国的家族经由长期不断融合，已成为民族，这也就是读中国历史人物传记的重要性之所在：历史人物的行为彰显了中国自古以来有风骨的作为，而其中许多具有典范性的作为，也就是我们可以传递给下一代人的具有共同性、共通性的为人处世准则。

改革开放以来，我们重新审视我们社会与群体的行为时发现：国家鼓励私有经济发展，使个人可最大化地追求个人利益；虽然这促进了整个社会生活条件的改善，但数十年这样的追求，让我们越来越多地看到人性中自私、丑陋的一面；不单是在国内，还有许多损伤全体国人形象的事发生在国外。这些，让大多数有精神追求的中国人意识到，“富而好礼”是必要的。所以我们从传统中华文化里面，再次领悟到从古至今的中国人的智慧，提倡优良的家风、家教，这才是奠定中国百代基业的磐石。

人，必须自我管理。依赖制度、法规、奖励等外力的管理，都是被动性的反应，也会使被管理者产生厌恶。只有发自内心真实认可的自我要求，才能引发个人主动的行为。这就是传统文化中，先文以教人、后文以化之的管理之道。读书人是在四维八德的信念基础上，尊重自己，顾及他人，寻求社会大众全体利益的好处，达到由知道而至道的境界，这才是真正的管理。而中国的家教就是，教育子女从小懂得：自我尊重就是尊重每一个人，相信自己的所作所为是不会伤害别人利益的，一定是会被别人接受的。

那么家教最重要的是要感化什么？就是要感化个人随性的行为。

随性的人有任性与率性两种表现。任性就是任由着个人的性情欲望与大众交流，不顾他人的想法。而人性多半懒散，多半自私，多半情绪化，多半贪得，多半依赖；这些都容易成为以私害公的行为。以个人私利为出发点，就会冲撞别人的私利，就会造成所谓的不讲理，不讲理就会不讲礼。一个人既不讲理，也不讲礼，最后就只好对他讲法了。

率性主要是以个人性情追求自己的感受，未必需要与大众交流；虽然不见得会伤害公众利益，但是率性轻忽责任，不理会义务，只追求个人感受而对整个社会无益，最后可能也庸碌一生，甚至产生颓废思想。

喜欢随性的人，其实就是管不住自己的人。这就是社会问题，这就是为什么文治失败，则需要法治，老子所言“法令滋彰，盗贼多有”，即是如此。

《孟子·滕文公下》记载：“一齐人傅之，众楚人咻之，虽日挞而求齐也，不可得矣。”就是说，有人找了一个教齐国语言的老师来学习齐国话，但每一天周围都是讲楚国话的人与自己交流，即使再怎么努力学齐国话，最后仍讲的是带一口楚国腔调的齐国话。家教也是如此。必须在一个有亲属关系的人群中，建立共识而达成教育效果，单纯地以为影响子女的只是自己的小小门户就错了，爷爷奶奶、姥姥姥爷、姑姨叔伯的为人处世都是有影响的。

所谓家教，既然是教化，就必须有内容可以教。教什么？为人处世、待人接物的原则，不出礼义廉耻的自我规范，忠孝仁爱、信义和平的行为态度。谁来教？父母亲族皆可，历史人物亦可，为子女找到一个榜样去学习亦可。效果最好的当然是父母的言传身教，诚所谓教育子女先教育自己；为人父母应该与子女共同学习，视教养子女为自我成长的缘分，而不是责任，这才是最好的家教观念。

南一鹏　丁酉十月小雪序于海天彼岸美国洛杉矶

◎ 1950年代，父亲南怀瑾照片。

目录

第一章　家风是民族文化的传承

第二章　生活是皮囊，灵魂在其中

第三章　好家风塑造好品质

第四章　教育要抓住传统文化的精髓和实践

第五章　以古人之规矩，开自家之生面

第九章　家风是一家人的事，更是天下人的事

终　曲　九十五年篇章，南门家教铸成

第一章

家风是民族文化的传承

家是人生的第一课堂

20 世纪八九十年代，中国正处于不断变化、努力发展的过程中。现在的中国已经不再是一个经济落后、社会穷困的贫瘠国家。作为当代的中国人，我们必须知道：一个民族就像是一个人，在中华文化的传承过程中，人首先要有自信，然后才有自尊，这样才能自重。

对国人来说，文化就是我们的生活，也是我们的生活方式，更重要的是在生活方式的背后会有它的指导原则。家风、家教，则是我们把文化传承下去的方法。

中华文化的指导原则就是传统中华文化思想。从河图洛书到诸子百家，不断变革的思想奠定了我们今天的国家和社会基础。在我们民族的发展过程中，“家”的观念一直是整个民族的中心和重心。

中华民族的“家”，并不单指一对父母与其子女的关系。家，是一个家族的概念，它不仅由有血亲关系的人群所组成，或许是直系的，或许是旁系的；而且还是由婚姻关系联结的一群人所组成。这群人对非血亲关系人的行为准则，以及彼此的互动方式形成了他们特定的风格，也形成了他们对其他人和社会的某些影响。

试想，像家族这样的群体相处起来必定会有很多要求与期待。所以，行为规则与相互关系如何建立与处理，必然会形成重要的理念。这些逐步建立的共识，就成为家风、家教了。

当然，这其中不但包括了教什么，也包括了怎么教。对此，每个家族都有不同的选择。造成不同选择的原因，主要是时空的分隔，以及信息不足带来的影响。时至今日，每个家族的家风、家教已经趋向共同的价值观了。

所谓家风，就是家族行为。今天的我们为什么要重视家风呢？因为如今的中国家庭，已经融合成一个跨越姓氏、种族、语言、风俗和地域的大家庭，已经不再是一个小群体的概念。下面，我就同各位分享一下我所经受的家风熏陶，分享一些我至今难忘的体会。

在我年幼的时候，我的父亲参与了我的成长。他指导、启蒙我读书，这是我这一生所受的最大的助缘。有趣的是，对我从小影响最深的事情，都是我与父亲在一起经历的。直到现在，我正重复着他所影响我的一切，体验和验证他的所为。

在我还未上小学的时候，我父亲拿了几本书，要求我每天诵读，并且每天默记一段文字。我们每一个人这一生里，都会对某些事物特别喜欢；同时，也会对某些学识特别容易接受，这就好像是与生俱来的习惯一样。对于这几本书的喜爱就像是与生俱来的，当我读这些书时，感觉都很容易。那种押韵的句子读起来就像唱歌一样，非常好听。但是，如果要我牺牲玩乐时间来默记这些文章，那就需要另当别论了。小时候好玩乐，不想苦读的我也是挨过板子的。不过，父亲如此教我读书，也让我经由中华的文学，产生了对中华文化的喜好。

与许多人一样，我从小喜读历史故事。在中国历史的长河里有着各种各样的故事，传递着许多类似的精神意义。同样的，我也会读一些西方神话和历史，了解西方人过去的发展经验。几百年来，西方人毫不吝啬地大肆宣传他们的伟大文明。他们每一部历史书，都是以西方骄傲的眼光来审视世界文明的发展，这也为我提供了不少的批判乐趣。

由于对历史的喜好，我体会到了做一名中国人的精神，尤其是做一个有风骨的中国人的精神。这是在国家、民族和个人性命之间，是在公众利益和私人贪欲之间，我们所做的无畏无私的选择，这就叫作气节。

我父亲很早就叫我读《朱子治家格言》，刚开始，他只是叫我读一读文章，可是后来竟然严格起来，要求我读懂以后在行为上也要做到。我这才意识到，原来“黎明即起、洒扫庭除”，这都是要我来做的。

其实不只是我，我的父亲也会早起，他一生都遵循着他小时候读的《朱子治家格言》中讲的道理，并且用这些道理来要求自己。我祖父当年白天忙着打理杂货铺的生意，招呼顾客；晚上一消停，就会拉一把摇椅坐在我父亲的后面，监督他读书。说是监督，其实也是在实践我祖父的读书方法和态度。他总是不时提醒我父亲：“读书，就要别无他想，心中只有书上的内容，这样心无杂念地大声读出来，是多么美妙的事情啊！只要心里想着读书是一件快乐的事情，就算把读书像玩耍一样、像唱歌一样来看待，也能边玩边把书里的东西慢慢领悟了。这叫‘玩索而有得’。”这就是家风的一种传承，所以父亲也用同样的治家行为来要求我。好在我自小便学得祖逖“闻鸡起舞”的故事，让我养成早起的习惯也并不困难。

到了夜里，父亲会亲自查看一遍家中的门、窗，确定上锁、关上了才会入睡。同样，我也养成了这样的习惯。因为这些事情都是父亲亲力亲为的，我平日就看在眼里，自然就不自觉地跟着做了一辈子。

而父亲的习惯，自然是从祖父处习得。在父亲小的时候，祖父曾告诫他：“仗剑须交天下士，黄金多买百城书。”这句话的意思是，要多交天下朋友，多交有知识、有学问、有道德的朋友；有钱了，要多买书，多读书。父亲在年少时，的确就已读了很多书。比如《资治通鉴》，在父亲十三岁时，他就已经圈点过三次了。先用白色笔圈点，然后拿给祖父看，再给老师看，看看有没有圈错；第二次才用黄色笔，有时也会圈错，上下句子圈错了，观点就不同了；最后再用红色笔圈。他在古文上下过很深的功夫，也完全是自修出来的，读得多了最后都能够背下来。

父亲常说，以前读书是读书，现在读书是看书。以前读书，就像现在朗诵白话诗一样，是要朗声念出来的，是要唱出来的。一本书圈点过了，再这样读下来，印象就会特别深刻。

当年，父亲在书房里大声诵读，读了三遍以后就不看字，开始唱了。放学的时候，他便和同学们一边唱和着古诗词，一边你打我一拳、我打你一拳，嬉笑玩闹，很是调皮。

我父亲在古诗词方面受他的老师朱味温影响很大。他没有特意问过朱先生怎么作诗，自己就会了，平仄音韵都会了。后来他回忆这段经历说：一个月的时间，只听几次朱先生念诗就懂了韵律。如果不懂念诗的方法，光看看读读，诗是作不好的。那时，父亲一听朱先生读书就喜欢，满腔热忱。父亲喜欢站在窗子外面听，就那样懂得了诗的道理。中国各地都有念诗的方法，我们小时候读书，就是大家头摇起来一起吟诵。所以，诗与词的韵律，必须从吟诵入手，如果不从吟诵入手，作起诗来，那个韵文会很差的。

父亲的经历，也恰好印证了英国哲人休谟的一句话：想要除掉田野里的杂草，最好的办法就是种上庄稼。人的头脑便是一块良田，与其让它长满杂草，不如让它结满果实。

学习是人的天赋之一，对于孩童而言，如果没有适当地满足他们学习知识的需求，那么很有可能他们就会吸收错误的东西。同样，如果头脑中没有这些深邃文雅的诗词歌赋，那么它很可能就会被一些低俗的东西占据。

孩子的学习是最快、最容易的，不去特意教导，不少孩子都会在嘴边哼一些毫无文化内涵的口水歌，甚至哼几段污言秽语的顺口溜。相比之下，古人让孩童诵读诗词、朗读歌赋的做法就是从基础上让孩子们不走偏。我父亲说：“不管四书五经，或者其他古书中的任何一段，教孩子像唱歌一样，很轻松愉快地背诵，不给他讲解，偶尔稍微讲一点。这样背下去以后，一辈子都有用，一辈子都忘不掉。不但中国文化要背，外文也可以背。……尤其是读中国书，更要高声朗诵。朗读多了，音韵和字义等因素都会逐渐影响读者。书读百遍，其义自见，慢慢悟进去，将来长大后学问就广博了。”

我父亲经过年少时的“读书”训练，记忆力十分惊人。到了晚年讲课时,《资治通鉴》信手拈来。他说：提到哪一段，心里就会出现哪个影像，甚至这段文字在哪一页、哪一段，他都还记得。

作为家长，最惦念的一定是子女的未来；而父母一生最大的功课，就是该怎样帮助子女进入社会，让他们能独立自主，不会遭受太多磨难。可当家长们回头看看自己，才会发现：无论是喜悦还是所谓磨难，都来源于自己的身体力行。处世之初，每一个人都是从家庭开始。要谈在社会立足，为人处世，源头必须追溯到家风家教。

南怀瑾语录：求知与谋生

中国原来的知识分子读书的目标呢，是求学问，包括做人做事、身心修养等一切的学问，凭兴趣来的，玩味一辈子，人格平等独立的，与谋生是两件事。不像现在人读书，都是为了谋生。

◎ 1969年秋，荣星花园游园。从右至左，南一鹏、母亲、薛乐如、二姐南可孟、杜莉、国熙弟、父亲南怀瑾、大姐南圣茵、杭纪东、张建中。

天下之本在于家

今天的中国为什么要恢复家风、家教？

中国人需要自救，需要挽救自己民族的自信与尊严，否则我们这个民族很有可能再次被世界打压而衰败。家风、家教的目的是培养出有品格、有担当的人才。“一家仁，一国兴仁；一家让，一国兴让。”一家筑一国，一个家庭的家风体现着个人的价值追求和传承，家风直接关系到社会的文明程度。

目前，一部分中国人因为几代人的失教，在社会中躁动不安，以自私利己的行为处处挑衅社会的秩序，个人行为罔顾大众的权益。譬如在国内或国外，对排队秩序不遵守，对插队者漠视；公共场合用噪声打扰他人，交谈时大声喧哗；在旅游吃自助餐时过多取食……都是把个人私利凌驾于众人利益之上的表现，而这样的人品表现，会让世界各民族失去对中国、对中国人的尊重。今天，我们谈复兴中华文化，实际上是要找回人们内心的那个“礼”，那个能够平和内心，令人自明、自动、自由、自在的那个“礼”。

现在的国际是开放的国际，人与人之间的交往不再局限在国家范围。除了经济制度的接轨，中国人不但要保持在社会人际关系上的优点，也必须在个人行为准则上能够有传统文化教育里要求的个人道德品质，对自我有自律自重的要求，这样才能对国家的未来有所贡献。这就是中国为什么要谈家风、家教。

作为当代的中国青年，对长辈们经历过的生存挑战其实并不十分了解。对于即将要面对的世界级竞争，其实也有些不明所以。但有一点不能逃避，那就是过去国家所有的发展，不仅促成了社会经济的进步，也促成了人文方面的进步。

中国未来在国际上的影响，以及世界各国对中国经济实力的展望，都需要我们每个人贡献一份力量。对于这份责任，中国的中青年更是责无旁贷。

在过去的四十多年里，中国迎头赶上，一边努力开发，一边引进世界最先进的技术。这几年来，农业、工业和商业发展迅速，在某些方面已经可以与许多发达国家比肩。因此，每个中国人面对的不仅仅是经济实力的角逐，更是超越物质的精神文化的竞争。

中国除了给这个世界做出经济贡献外，我们这些中国人还能为世界做些什么呢？应该就是文化贡献了。

文化即生活，只是看人们如何理解，又是如何对待自己生存的环境、自然和生命的经验累积。当代中国人的文化，就是中华民族如何在华夏这块大地上，用一种不间断的生活理念，在过去、现在和未来，持续发展我们族群的精神和物质生活。

时至今日，历史上曾经辉煌过的四大古文明，只有中国的古老文明能够依旧绵延与传承。这样文明的绵延和传承，必然有她的道理、有她的优势，值得我们去研究。

18 世纪，欧洲列强觊觎中国广袤的土地与丰富的物产，于是，它们对中国的领土、物产和文化等展开了侵略。当时，欧洲由于工业革命的爆发，不仅在技术上有了重大突破，同时也在社会关系上有了重大变革。

欧洲的工业革命，不但促使欧洲国家不断对外扩张，同时还衍生出强大的军事力量。世界各地古老民族文明的传承与发展都被侵略过、被打断过。近的比如中东一些国家，远的比如印度，都曾成为附庸。为了完成资本主义资本的原始积累，非洲沦为商业性猎获黑人奴隶的场所，大批黑人奴隶被运往美洲；西方殖民者对美洲实行了一系列针对印第安人的文化和种族灭绝政策，从而导致美洲印第安人的大规模减少；包括中国在内的亚洲沿海国家也逐步被侵占为半殖民地、殖民地。

然而，殖民入侵最可怕的不是武力的入侵，而是思想、文化和文明的入侵与更替。

西方用蔑视与否定、污蔑与篡改等手段打击所有被入侵、被殖民民族的文明；剽窃所有古老文明的精髓，通过西式加工解说，变成他们“自己”的产品，再回销到这些失去竞争但是依旧有民族骄傲的国家。经历数百年的侵蚀，这些地方在思想上、文化上，逐步达成同化效应。西方的侵蚀把这些地区的人们变成了次等公民，一切以西方的标准为标准，认同西方的观念，凡事为西方的体系服务。

再看同时期的中国，我们的文化在四百年前是被压制的，由统治者选择性地应用。因为种种限制，造成许多缺失，更形成许多误解。这让几代人在受尽西方的凌辱以后，采取了错误的行为，抛弃自己未能了解的古老智慧，造成民族自信心的丧失。

最重要的是，一些西方国家开始利用我们的不自信，刻意曲解我们的文化，妄图以类似消灭中东、埃及、印度、中南美洲等古文明的行动，用它们标榜的进步思想来消除我们的人文思想，改造我们的生活。

因此，中国青年所面对的挑战，就是该如何去应对这样的文化侵蚀，如何重建中国人的民族自信，如何让放诸四海而皆准的精神文明得以传承。当然，这也不仅是中国青年的责任，更是所有中国人的共同责任。

现如今，中华文化在各个层面都有了突破性的发展和贡献。作为当代中国青年，我们的需求，却从古至今都没有变过——我们追求生活的质量，我们追求技术的创新，我们更喜欢在思想上提升、在未知的领域探险。

这些就是我们既有的文化思想起步的动力，今天世界上所有的创新，都没有脱离这些已经在中华大地上做过无数次的思想上的探讨。

作为当代的中国青年，如果不能爱国，又如何心系天下？要知道，国家便是“先有国才有家”。一个民族、一个国家的未来如何才能更加美好？答案便是让每一个小家都能有所传承。在优秀的传统文化中，吸收我国传统文化的精髓，就是取之不竭、用之不尽的根本方法。家风是铸造子女成才的熔炉，是一个人精神成长的重要源头，有什么样的家风，往往就有什么样的做人做事的态度、为人处世的伦理。

要知道，我们家风家教的传承中，文化是根，发展是干，文明是果，美好是花。只有把我们传统的文化之根，深深地扎入这片广袤的土地中，深深地扎入华夏儿女丰富的心灵中，我们的国家和民族才有未来，才有一切。四大文明古国中，中国的文明传承得非常好，为何？是因为中国人特别重视家教。

为了民族和国家的利益，也为了中华民族的伟大复兴，当代的年轻人应当在工作和生活中敢于较真，该有这种精神就必须要有。只有将文化通过一个个的小家传承下去，才能真正自立自强于世界民族之林，才会枝繁叶茂、硕果累累。国之栋梁出于家之苗圃，千千万万个家庭的家风都好，社会风气才有好的基础，社会文明进步才有源源不断的推动者与建设者。

南怀瑾语录：胸襟·气度

一个人一生没有人了解，虽然有学问而没有发展的机会，还是不怨天、不尤人，这种修养是很难。所以君子要做到“坦荡荡”，胸襟永远是光风霁月——像春风吹拂，清爽舒适；像秋月挥洒，皎洁光华。内心要保持这样的境界，无论得意的时候或艰困的时候，都是很乐观的。但不是盲目的乐观，而是自然的胸襟开朗，对人也没有仇怨。

家风是一个家庭的精神内核

家庭，无疑是给予我们安全和温暖的心灵港湾；家风，则是让我们波澜不惊的防波护堤；而家教，便是赋予我们扬帆出海的看家本领。

多少年来，中国社会一直流行着这样一句对人评论的话，而且，这句话往往是在对某人有意见的时候用的。比如某某人行为不端，周围人便会品评，说某某人家教不好。可见，一个人的表现，不可避免地代表着这个人的出身，代表着这个人的家族。

个人的出身，只是提供个人成长的基本环境，但是不代表个人的人品。出身也不代表固定的家庭影响，许多有成就的人虽有不同的出身，可是却有相同的品质。这些人格品质往往都是家教的成果。

我们评断他人的家教，又有什么样的标准呢？其实，无论家庭曾经为我们提供了怎样的环境，由于每个人的接受能力和吸收能力都不一样，再加上一些先天因素的影响，即使是同一个家庭出来的孩子，也是各有不同的。

所谓“龙生九子，各个不同”，这里是指各自的性格和喜好不同，其中也不乏相同性，那就是它们都被叫作龙。它们的生长环境是相似的，所以，我们对它们的看法也就大致相同。但同样的一个家庭出来的，却极可能有绝对不同的表现。也就是说无论是多么好的环境，都不会有百分之百的正向教育效果。教育效果究竟如何不但要看环境的给予，最重要的是子女的承受。这个“子女的承受”，除了子女本身的修行外，更重要的是父母通过怎样的一个方式给予教育，才能让子女更好地承受。这个问题最根本的，还是要从我们明确了解自己开始谈，这也是中华文化的精髓——知人为智。

评断他人，就是要看一个人怎么“做人”。“做人”，这个笼统的词语，又是让人一头雾水。我们既然已经生而为人了，那么生命本身不就已经是人了吗？为什么还要谈“做人”呢？

生而为人，只是生物性质的一种存在；而成为一个人，就是社会性质的存在了。这两者的差别非常大，却常常被人所混用，而能够真正了解的没有几个人。

西方哲人叔本华曾经用刺猬在天冷时彼此靠拢取暖，但保持一定距离，即刺猬效应来描述人与人之间的关系。意思大概是：当我们相距甚远的时候，都会觉得凄凉冷清，孤单寂寞；当我们相聚无间的时候，又会因为身上的“刺”，彼此扎得难受。

这正好为“生为一个人”和“作为一个人”做了一个生动的情境解说。生为一个人，拥有成为人类的基本权利，也就是食、衣、住、行等个人生存权。可是，如何去行使这些权利，就是如何“作为一个人”了。

不被别的刺猬扎到受伤，也不会随意地扎伤别人，但又能够满足自己的需求，在这个过程中使用的各种手段和方法，就是我们一般统称的“做人”。如果在满足自己需求的过程中，同时能帮助众人、满足众人的需求，那么这个人就是个了不起的人了。

从出生的那一刻起，我们就要开始接触人。但是，不论接触的是自己的家人，还是外人，请别忘记，即便你接触到的是陌生人，他也必然会有一个家庭。当下，我们学习的内容就是如何与人互动，如何与他背后的家庭互动。这就是家教的开始，也是家教最重要的课程。

所以，家教的第一课，也就是“待人接物”，如此而已。待人接物是什么意思呢？它就是我们做人的品德教育。什么是品德呢？品德就是我们个人与每一个人互动的时候，所表现出来的行为的综合素质。

当一个人表现得自私自利，自然，别人也会从自己的利益出发来做自我防护，可能会造成共事困扰；当一个人表现得包容，而且可以让别人得利多的时候，每一个与他互动的人，都会反思、退让，更重要的是会有更多的人愿意和这个人互动。所以，当一个人可以“我为人人”以后，自然就会产生“人人为我”的现象。

这里让别人得利多，不是事事都在说利益，而是让别人能适当地被重视，能适当地被赞赏，从而喜欢与我们交流，愿意成为我们的朋友。这样得道者多助的效果，就会逐步体现。

如果一个人能秉持良好的待人接物态度，那么自然就会受到欢迎，自然会得到帮助。这个社会不是物质决定的，是人心决定的。一切的物质、环境，所有的存在理念，都是由所谓的“人”来完成的，所以“做人”才是家教的重心。

当我们说一个人家教不好，其实说的是这个人的人品不好，就是说这个人做人不够好。那么怎么做人才能做得好呢？就是无论在共事或是一般社会交往里，我们都能够让遇到的人接受我们。

让别人能够接受我们的先决条件，就是我们能够先接受别人。因此，我们不要用观念来限制个人的思考，要用包容的态度来与人交往相处。唯有能够包容别人的态度，才能改变别人的观念。

为了让我们自己能够被各种不同的群体接受，我们要增长知识，扩大见闻，增强技能，学习才艺，发展思想。这些是退而求其次的能力，其主要功能是来支持我们既有的品德，是用来与别人产生共同话题、与特定群体产生共鸣、让大众对我们产生兴趣的工具。这些属于技能范畴，是家教的一部分，但不是家教的重点。

知识、技能、学问、才艺、思想，都是可以通过个人的努力去获得的。一个没有品德的人即使有才能，得到的评价也是有才无德，最后依旧会被社会唾弃。今天社会上强调的教育，是不断地在加强个人的技能，虽然造就了许多有成就的个人，可是国民整体上缺乏优良的品德，依旧不会被认同和尊重。社会上许多有成就的人，在品德上其实毫无值得尊敬的地方。

不过，这里并非是让我们成为乡愿，不是让我们做到让每一个人都说好。如果连没有品德的人也说你很好，除非是他们能够因为你的好，而去改变他们自己为人处世的行为，否则，你就要小心自己的行为是否有错了。

如果可以用自己的行为，获得别人的认同而一起向好的方向行动，这样的品德，就是君子了。所谓“君子之德风，小人之德草，草上之风必偃”，正是这个道理。

南怀瑾语录：教育之重

我发现很多年轻的孩子们精神都有问题了，归结起来是教育的问题。一个国家、社会的兴衰成败，重点在文化，在教育。

◎ 1969年秋，父母带子女、学生及友人在台北荣星花园游园。南一鹏、南国熙兄弟二人在后。

家风影响孩子的一生

我始终认为，家教不是单纯的由上而下的教育或教导，它应该是父母和子女之间的互动，是由彼此的相互学习而产生的共识。

毕竟，“父母”这个头衔是子女给的。

没有子女，也就不存在父母。大多数的人，在最开始的时候都不知道要如何胜任父母的岗位。那些初为父母的人，并没有《父母手册》这样的书来学习，甚至我们回想起来，都不记得自己是怎么当孩子的。当然，所有来报到的孩子，也是第一次当孩子，他们也不知道要如何做才对。

父母带孩子的方式、方法，大半都源于自己的观念及来自上一辈父母的经验。可是，因为子女天生的习性不同，加上父母自身的社会经验不同，以至于每个人带孩子的方式、方法都不相同。

也就是说，任何人带孩子的方法都不能被视为金科玉律，也绝对没有一个放诸四海而皆准的教育法则。我常说：人是教不会的，只有学才学得会。就是因为“教”是单纯的由上而下的传递。

直白地说，“教”就是将自己的了解施加于别人。而“学”，是自愿的，自动自发地接受。只有愿意去学，才会达到改变自己的效果。好的老师，其实就是能够有办法让学生产生学习兴趣的老师。同样，好的父母，也是有办法能够让子女快乐接受、让子女自己想要、让子女主动完善自己的父母亲。

作为家长，在我们想方设法培养一个成功人士的时候，应当先看自己有没有培养一个成功人士的格局。如果我们只是依赖学校、依赖别人，想让别人用其时间、精力、行为和言语来替我们教育子女，那就对别人和自己的子女都太不公平了。

试想，有谁会比父母更愿意为子女付出？如果有人会比父母还付出得多，那么这个子女还会需要父母吗？

名师能出高徒，但高徒并不等同于名师。因为名师是靠自己，他们能够大胆思考，不受局限。而且世上名师的老师，大多数都不是名师。大多数名师之所以有名，是因为他们能教导出普遍拥有类似成就的学生，就像一个能出产统一质量产品的工厂。但是他们却很少能让学生突破自我，超越师父。所以迷信名师，其目的就像是让子女成为名牌产品，然而却不是创造名牌产品的人。

作为中国父母，我们毕竟是做过子女，也当上父母的人。因此，我们应当用快乐的、鼓励的方式，创造一个能让子女自主学习、产生积极乐观态度的环境。

用我们想要得到的尊重，来尊重孩子的选择；用带着孩子一起体验的方式，让孩子自己进行适合他们的学习。我们不需要去替子女担忧他们的未来，因为他们将面对的未来，必然和我们曾经历的不同。

鉴于此，父母更应该培养孩子处变应变的能力、开阔包容的心胸、思考的能力、待人接物的亲和力、爱国爱民的情怀、自恭自重的情操。有这样的子女，父母才无须担心他们的未来。所以，家教最重要的内涵是培养子女为人处世的品格。

家教家风自古便有。三国时有一天，东吴孙权和丞相顾雍一家三代人饮酒作乐。当天，大家喝得都很高兴，而且有人大醉。顾雍的孙子顾谭平时很受孙权器重。顾谭多喝了几杯，起来跳了三次舞，每次都是跳个不停。顾雍对这个孙子的行为非常不满，而且十分担忧。第二天，顾雍把孙子叫到面前，教训他如何做人："做君王的是以能够包容下属为德行，但是做下属应该要以恭敬谨慎的态度来表现。你怎么能够不节制地一再失礼而疯狂舞蹈？虽然是酒后失态，但是也让别人认为你是恃宠而骄了。你这样的表现，将来一定会招人攻击，给家族带来灾祸的。"

这就是家教的典范。顾雍没有当下就让孙子难堪，但也不会不纠正孙子的错误。他适时适地规劝，让孙子的行为不要不顾尊卑，以保存家族的地位与声望。

综观现在的家庭组成，除了父母以外，有爷爷、奶奶、外公、外婆，还有祖辈的亲戚朋友们，这些人都是衍生的家庭成员。所以，父母最应当教导子女的，是让子女有待人接物的能力。

在子女小的时候，要培养他们负责任的态度、包容的态度、明辨是非的态度，让他们在增长自己见识的前提下，还能开开心心地享受儿童时代的快乐时光。

项橐七岁时，能用路上的泥巴随意堆砌成的城墙说服孔老夫子，让夫子的车为他让道。这样的小孩必然是懂得应对的，必然是懂得法理知识的。当然我们更要佩服孔老夫子能遵从道理。用这样的故事来进行确立规矩、注重礼法的教导就再合适不过了。所以，父母应当让孩子从小就开始学习这些好的作为。

父母应该知道如何让子女表现，才会让他成为一个受人尊重、让人喜欢的人。家教的目标，应该就是让子女能够成为这样的人。

父母不必担心子女的才艺不好，不必担心子女的知识不够，而应该关心子女的个性开朗不开朗，与人相处得融洽不融洽，有没有自处的能力，有没有解决问题的能力，有没有包容和创新的能力，这些就是影响孩子一生的因素。

南怀瑾语录：真诚

这几十年来的变乱，对于手段，谁都学会了，谁要玩几套手段，别人没有不知道的。只有老实人、讲道德的人才是最可爱的，最后的成功还是属于真诚的人。这是千古不移的道理。我们从现实生活中，也可以体会得出来。

◎ 2008年在太湖大学堂，南一鹏与父亲南怀瑾、表哥王伟国合影。

第二章

生活是皮囊，灵魂在其中

教育的目的在生活，从生活中学会“做人”

生活，顾名思义就是用生命活着，活着就得有维持生命的手段和行为，这些手段和行为因个人能力的不同而有差异，是为了个体的存在而采用的。

如果说只谈生活，那么人是属于生物性的，凡是生物，都有为了维持生命而活着的基本需求。作为生物的人，如果想要让生活过得更好，必然需要与其他人互动。在互动的过程中，如果能被更多的人接受，那么生活自然会更美好。

对于子女来说，在学校让他们记忆最深刻的，有可能是他们考试回答不出来的题目；而在成长过程中，子女之所以学到某种技能，大部分都是因为他们需要这种技能来解决遇到的困难。

因此，不管是对人、对事，还是对问题、对挑战，在人生中能打击到我们的，往往是我们欠缺某种解决问题的能力。换句话说，也就是因为要解决各种各样的困难，我们今天才具有各种各样的能力。

有人调侃说：“多做多错，少做少错，不做不错。”是啊，不做不错，但是不做也就不会成功，最后可能成为一个庸庸碌碌的人；多做多错，最后也可能会成为一个多才多艺的人。

第二次世界大战西南太平洋战区盟军司令麦克阿瑟将军，就曾经写下过对儿子的期望，即《为子祈祷文》，大意如下：

> 希望他成为一个坚强的人，能够知道自己什么时候是软弱的；希望他成为一个勇敢的人，能够在畏惧的时候认清自己，谋求补救；希望他在诚实的失败之中能够自豪而不屈，在获得成功之际能够谦逊而温和。
>
> 希望他不要以愿望代替实际作为，希望他能够晓得自知乃是知识的基石。不要引导他走上安逸舒适的道路，而要让他遭受困难与挑战的磨炼和策励。让他借此学习在风暴之中挺立起来，让他借此学习对失败的人加以同情。
>
> 希望他的心地纯洁，目标高超；在企图驾驭他人之前，先能驾驭自己；要懂得去笑，同时不忘记如何哭泣；对未来善加筹划，但是永不忘记过去。
>
> 还要赐给他充分的幽默感，希望他可以永远保持严肃的态度，但绝不自视非凡、过于拘执。请赐给他谦逊，使他可以永远记住真实伟大的朴实无华，真实智慧的虚怀若谷和真实力量的温和蕴藉。

做父母的根本无须担心子女将来会遇到什么困难，只要在子女成长时，培养子女有面对困难的正确心态，并知道如何去战胜困难即可。这可以作为每一对父母、每一位子女自我发展的准则。

作为家长，在谈到家庭教育之时，有必要把“教”和“育”分开来谈。我们的中国字可以说博大精深，每一个字本身就有一个完整的意义，本身就代表一个完整的思考。只是经过这么长时期的演变，我们习惯将几个字符串联起来，变成词语来表达综合的意思。

在此，我必须把“教育”两个字，回归到行为的原本意义上来谈。

不管对家长还是对孩子而言，家风、家教的传承都是一个共同成长的过程。经过家风、家教的洗礼，不单子女能获得教益，作为父母的我们，也能获得很多成长。如果没有子女，我们就没有这样的学习机会。

当然，没有父母的付出，子女也就不容易有良好的学习经历。让孩子学习与长辈、与同辈、与小辈进行人际关系互动，应该是我们的家教重点。

当长辈来家里探访，应该要求子女为长辈端茶送水、与长辈恭敬地打招呼，也可以让子女加入父母与长辈的交谈中，学习经验和知识；当有同辈孩子来时，让子女学习如何招待他们，如何玩儿在一起，如何处理纠纷；当有小辈孩子来时，让子女去照顾他们，去分享玩具，去学习体恤、包容。

这些行为大多不是靠教的，而是靠我们身体力行地做给子女看的。经过长辈的示范，子女才会模仿学习。

有的父母带着子女游历世界，来拓展子女的视野；有的父母遍寻名师，以增加子女的技能；有的父母呕心沥血，传递家庭理念……不论我们用什么方式，必须记得，唯有我们成为想要子女成为的那样的人，子女才有可能成为我们想要他们成为的那样的人。

要知道，好的家风不仅依托家族的传承，更是中华文化的组成部分。

人的最基本的存在就是生物性的存在，想要成为“人物”，那么就必须学习如何正确地对待其他生物，包括如何对待与自己一样的人。没有正确对待生物的态度，只是为了活着而活着，在他人眼中就会有所谓的“这人根本不是人”之类的看法。

学会“做人”，学会如何与人互动、被人接受，就是从生物转变成为“人物”的必要途径，这个途径就是教育。

就像我父亲谈论教育的目的是为了让人学会“做人”一样，讲清楚了教育的目的，依靠教育的手段，我们每一个人都有机会学得“做人”，达到“民吾同胞，物吾与也”的最佳境界。

南怀瑾语录：交友之道

交朋友之道，第一“不挟长”，不以自己的长处，去看别人的短处；第二“不挟贵”，自己有地位，或有钱，或有名气，因此看别人时，总是把人看得低一点，这也不是交友之道；第三“不挟兄弟而友”，就是说朋友就是朋友，友道有一个限度，对朋友的要求，不可如对兄弟一样，换言之，不要过分要求。

◎ 1969年秋，荣星花园游园。从右至左，父母、薛乐如、杜莉、大姐南可孟、二姐南圣茵、张建中、南一鹏。

不平凡的父亲教我们"平凡"

我父亲南怀瑾先生得到社会各界人士的肯定和称赞，他们肯定他的思想和他对社会所做的贡献；但是父亲总结他的人生是"一无是处，一无所长"，并没有把世间的成就看在眼里，这是一种胸襟。

尤其在即将往生时，他告诫诸子，训以"平凡"二字，更是回归中华文化的精微奥妙之处。让事物以简单的方式呈现，需要非常复杂的思考策划；让人生在平凡中完成，没有抱怨苦痛，这才是真实的不凡。

1994 年 2 月 9 日，除夕，这本该是阖家团聚、共享天伦的传统佳节，但父亲再一次选择"与天下人同亲"，同所有学生一起过年。对此，我们也早已习惯。

我们所担心的是他的身体，彼时，他已是七十多岁的老人了，可是父亲却不以为意，执意要去厦门。妙湛法师亲自去机场接待，并把父亲安顿在寺里。父亲临行前，嘱咐弟弟国熙代他在香港住处做主人，陪大家吃年夜饭，饭后还要遵循老传统，掷骰子玩儿游戏。

父亲赴厦门，重新踏上这片土地。斗转星移，白驹过隙，转眼半个世纪就要过去了。此时，内地国学热兴起，父亲虽从不曾承认自己是国学大师，但是，说他声名鹊起是一点儿也不为过的。

父亲这次重回内地，面对着人们近似狂热的尊崇，还是秉持一贯的平静恬淡。有几人能够知道，他的内心早就不为名利所动了呢？成千上万的人早就盼望着能亲眼见他一面，他却“衣锦夜行”，悄然而来，又悄然而去，只有少数几个人陪在身边。

父亲对待自己的名气，一如既往地低调。搞虚名讲排场的事，他根本没有兴趣。最高规格的接待礼遇、最高级的饭店和别墅、最高级的荣誉证书，这些东西统统不要。

他说：“我回来，不要登报、不要宣传、不要排场，人间的荣华富贵、威风排场，我年轻的时候都享受过了。现在我回来禅七，只是一个普通的老百姓，不花政府的钱。我悄悄而来，悄悄而去，如果有用得着我的地方，我一定会尽力的。如果你们一登报、一宣传，又给一个什么名誉教授的头衔，又是高规格的礼遇，万一今后我这个人做人做得不好了，弄得大家都没有面子了。老实说，这些名誉头衔，我一辈子不喜欢，那么多外国大学要送我这个那个名誉头衔，都被我推掉了。”

听了他的话，有关部门也很通达，干脆“主随客便”；所以，一切礼遇都从简从便，结果大家相处得很好。

这次禅七活动本来没有对外公开，但禅学大师来做禅七的消息不胫而走，结果楼上禅堂的二百三十个座位和楼下讲堂的四百多个座位全部坐满，海内外近七百人参加，这还没算临时赶来旁听的。

听众中年龄最大者已经八十岁，最小者还不到十岁。父亲看到这个海内外文化交流盛会有如此热烈宏大的阵仗，开玩笑地说：“把我吓坏了，我怕那个禅堂几百人在上面，双层的，也没有盖好，万一压下来，下一层的几百人就变肉饼了。我的心理负担多重啊！”

在父亲看来，平凡是我们的本原，不平凡是我们的烦恼。

人的出生都是平凡的，没有什么人出生的方式有什么不同，只是出生的环境会有所不同。但是在成长的过程中，几乎每一个人都会有成为不平凡的人的想法。这是来自社会传统观念的压力，让我们每个人都认为必须出人头地。

其实，无论拥有什么样的社会地位，作为一个人的基本需求并不会改变，变化的只有情绪。因此，在为了不平凡而努力的过程中也必然有无尽的情绪纷扰。往往历尽千帆之后，那人依旧在灯火阑珊处，回归到自己本性时，依旧不过是平凡人而已。

平凡意味着在做任何事、面对任何人时，都是一本初衷地以平等公平的态度对待。一个不凡的人，在大家都放弃的时候，仍然继续不懈地去努力，一个平凡的坚持就会有不凡的光辉。

社会上流传着许多父母伟大而不平凡的故事，但当事人接受采访时，会实实在在地告诉公众，他们只是在做一件极其平凡的事。

不平凡存在于短暂的过程中，平凡是正常的生活状态，由平凡出发，众生平等。这是父亲一生修行的总结。社会上关于父亲的言论很多，有神化的，有妖魔化的，有赞美向往的，也有批评指摘的，所有的反应就是镜中的倒影。平凡是自家的心性而已；父亲对大家最后的话，就是“平凡”，如是而已。

南怀瑾语录：个性好坏

有个性不都是坏事，但没有修养就都会变成坏事。每个人的个性不同，或仁、或知、或信、或直、或勇、或刚，但不管哪种个性，孔子告诉我们，主要的自己要有内涵，有真正的修养，学问的道理就在这个地方。

◎ 1969秋，父母带子女、学生及友人在
台北荣星花园游园，父母合影。

烦恼即菩提，一切皆菩提

众所周知，父亲在佛法上有很高的造诣。父亲时常用其中的道理来点拨我们。其中，烦恼即菩提，便是父亲教育我等子女的重要课题。

烦恼即菩提，可从两方面来说。

一是对有修行的人来说。在有修行的人眼里，烦恼就是菩提，因为烦恼是自心的妙用，修行人能够把烦恼转化成菩提。菩提在佛法中，一直被看作智慧的象征。有修行的人在烦恼时不在烦恼里，可以超脱烦恼的束缚。

二是对没有修行的人来说。对于没有修行成就的普通人，他们在烦恼的时候，不知该用何种方法来获得解脱；在苦难时，如果能遇到佛法的教化，这便是一个促使他修行的因缘。这个因缘会让他得法修行，修行会得智慧，所以说烦恼就是菩提。

父亲便是一个颇具智慧的人，这倒不是炫耀与吹嘘。1972年，父亲五十五岁了。那时，他的头发开始花白。为他理发的师傅劝他染发，可他却没有接受，还作诗一首，名曰《理发师劝染发戏作》：

世人多畏发初白，却喜头颅白似银。

免去风流无罪过，何须装扮费精神。
渐除烦恼三千丈，接近仙灵一性真。
对镜莞尔还自笑，依然故我我非新。

从此诗中，不难看出父亲对自己已然老去的乐观豁达。世人都畏惧衰老，害怕头发变白，父亲却独对一头银白的发丝感到高兴。因为这样就免去了装扮，省时省力，而且父亲也并不需要装扮，一切都只是身外之物，何须枉费精力加以装扮呢?

烦恼渐除，性灵归真，对于一心追求心灵自由的父亲来说，如何会不开心呢? 虽然已满头银丝，但父亲依然是本我的自己，绝不会被虚无的外物所羁绊。

在家教中，我们也要学会用乐观的态度面对困难，解决困难。西方有句谚语：困难是上帝伪装的祝福。同样，我们今天所发生的一切，生命中所有的一切困难，都是来增长你能力的。从小到大，你所有不会做的事，都是来考验你、让你来学习的机会。人有这样那样的烦恼很正常，“烦恼即菩提”，这便是告知你不要扩大自己的烦恼。如果整日想着烦心事，放不下，那这个烦恼就会占满你的头脑。因此，父母在教育子女时，当告知他们无须畏惧烦恼，而是要了解烦恼。要停止想，要去处理，一切都会变化，不会成为障碍。

人都有自己的理想，可有些人的理想却与实际不相符合，甚至非自己能力所及。当求而不得时，便会认为自己倒霉而终日烦恼。这是一种自寻烦恼的表现，对自己的能力不加改进，对自己的要求不愿降低，眼高手低，受害的还是自己。父母不应给子女设定目标，更不应当把目标设定在子女的能力所能达到的范围之外，若努力而达不到，自然会烦恼多多；应该不断适时地帮助子女提高个人能力，同时调整生活目标，这样逐步前进才有效用。

此外，为人父母者，还应教导子女不苛求别人。很多人都把希望寄托在别人身上，当对方达不到自己的要求时，便会大失所望，徒增烦恼。每个人都有自己的标准，我们无权将自己的“标准”强加给任何人。

父母还应教育子女，如何疏导自己的愤怒情绪。人的愤怒值越高，其理智就会越少，就会做出很多错事或失态的事。与其事后后悔，不如事前加以自制。

当然，“烦恼即菩提”，也意味着要有一颗平常心。平常心，即不骄不躁，以出世之心做入世之事。保持一颗平常心，就意味着在生活的压力下，仍有心情去感受那份宠辱不惊。“闲看庭前花开花落，漫随天外云卷云舒。”

父亲常说要有平常心。在父亲看来，平常心就是道。真正的道、真正的真理，绝对是平常的，就这么简单。一切众生何以不能明白？因为不肯平常。一个真正了不起的人，一定是很平凡的。最高明的东西就是最平凡的，真正的平凡才是最高明的，平凡到极点的人就是最高明的人。学问最难是平淡，安于平淡的人，什么事业都可以做，因为他不会被事业所困扰。

平常心是有一定修养后才可以具备的。平常心也是一种“处世哲学”。恰如孟子所说：仁是人的心，义是人的路。作为一种处世态度，亦可进一步解释为淡薄之心、忍辱之心或仁爱之心。

我们知道，我们都需要一个机会，但是机会都不会包装好来到你面前说我是机会，没有这回事。当机会出现的时候都是以困难的面貌出现，大部分人会放下，因为觉得困难；而只有少数人会捡起来，并且面对它。所以这少数人面对并处理完毕困难的时候，变成了成功人士，这就叫作机会。我父亲出生的年代确实给了他很多的机会，那个时代社会动乱，而我父亲一直坚持做文化传承的工作，所以我觉得也是时代造就了他。

南怀瑾语录：人生原则

“先存诸己，而后存诸人。”先能够自己站得起来，再来辅助别人站起来。可是我们年轻人总有一个毛病，自己还不会爬，就喜欢辅助人家站起来，觉得自己非常高明，也有很多主意。

◎ 1976年，父亲南怀瑾在台北信义路
老古出版社楼顶照片。

修身哲学：见贤思齐

在家风、家教中，见贤思齐是十分重要的课题。我们看到一个有道德、有学问，又有修养的贤者，就想达到他那个境界，想跟他有同等成就。拿我来说吧，我从不问有没有机会，只问自己有没有行动。事实上，我人生中从没有非等到准备好才开始行动，只要我认可有需要，我就会有行动。

当然，我所有的行动，一定是以达成既定的目标为目的。这样说，不是一种标榜，也不是一种炫耀；这样的叙说，仅仅只是表达一种家庭的养成性格。

我们习惯说某人好幸运、某人运气不好，把发生的一切归咎于命运，好像世间的所有遭遇都不是我们个人的责任，而是命运或其他人的责任。事实上，社会上没有一个人应该为任何其他人背负责任，我们一生的遭遇都是我们自己的作为造就的。

从二十岁起，我就意识到这个世界没有所谓的幸运。所谓的“运”不过是机会，“幸运”就是机会与能力的结合而已，也就是已准备好的人在机运出现时，以能力去取得认可。

在生活中，每个人都可能有过多次机会，能够适时地把握机会而有所成就，就是别人口中的幸运了。机会都是均等的，只有那些随时都愿意面对挑战，而且有完成目标能力的人，才能成为一般人眼中的幸运儿。

更何况，所谓的机会，绝对不会敲着锣、打着鼓地走到我们面前，大摇大摆地告诉我们：“我就是一个机会，请抓住！”所有在人生中遇到的机会，几乎都是以“困难”的面目呈现。唯有不怕挑战，勇于承担责任的人，才会有认识机会的可能性。

回头看看中国改革开放的20世纪80年代至90年代，正是中国社会与经济痛苦的转型时期，那些愿意承担责任、愿意接受挑战的管理者，那些咬着牙去努力开创事业的，最终成为中国企业家中的佼佼者。

这些成功的故事，就是对所谓“幸运”的最好诠释。他们每一个人，几乎都有一段苦不堪言的经历和一个令人感佩的奋斗过程。相同的是，他们都是不畏牺牲和愿意承担的人，也都是苦干实干、奋力打拼的人。

是的，那个年代本身就是机会，但更多的是挑战。能够贡献一己之力并为众人谋福利的人，才能抓住这个被众人视为“幸运”的际遇。我们现在这个年代，没有一个人认为这是一个容易的时代。少年朋友们，你们仍旧是幸运的，机会仍旧是遍地可得，只是要问一问自己：我是不是一个有能力，而且愿意去承担的人？

法国的拿破仑将军曾说，在他的字典里，没有“困难”两个字。就是因为他知道，当别人只看到困难，而没有看到机会的时候，他就必然是个赢家。

所以我要和家长们分享一下，在养成教育中，我们必须让子女养成良好的品格：对自己的应尽责任有坚强的意志去完成；看见别人的困难，愿意去帮助人；遇到有挑战性的事务，冷静应对。

在我看来，无论你幸运与否，操守都相当重要。父母教育子女，要让他们养成见贤思齐的品格。子女养成的以身作则、凡事乐观、尽其在我、不必为我等品格，能使其受用终生。

“见不贤而内自省也。”如果看到没有德行的人，要学会反省自己是否有和他一样的问题。面对失误，除了自我检讨外，一部分人也常常这样说：这都是某某害我的。是的，在人生中，我们不可避免会被别人所犯的错误牵连，只是这时候与其责怪他人，不如反省自己的选择。

所以，在教导子女时，选择能力就非常重要了。自古以来，我们的家庭教育就强调如何做人和如何选择朋友。孔子在他的君子之道中，也常常提到交友之道，强调选择朋友的重要性。

择友，是以品德来做抉择，而不是以经济条件、家庭背景、社会地位、个人能力来做抉择，当然更不可能以外表相貌来做抉择。如果不是以品德作为交友的判断依据，最后交到的朋友多数是我们口中所说的，泛泛之交。与没有品德的朋友共事或是合作，也就会是纠纷与困扰的根源。

社会上流行说，什么样的人，交什么样的朋友。这就是孔子说的“无友不如己者”，不要和自己品行不相像的人交朋友。这是要在先提升了自己品德的前提下，才能去做的抉择。为什么呢？因为孔子还说，我们的行为应该是“君子矜而不争，群而不党”。

在有品德的人群中，大家互相欣赏、互相扶持，但并不会时常地腻在一起。他们会在有活动的时候一起来，在彼此尊重的互动中交流，也包括彼此互助。

值得交的朋友之间的互助，是量力而为、不求回报的。量力而为，不是不尽力，而是用心去帮，但是在帮助的过程中不会做出超过自己能力的事，否则对双方都没有益处。

对朋友的付出，就是单纯地希望朋友好起来，不需要回报。如果交到的朋友也是有这种品质的人，那么，朋友自然不会让自己吃亏。

我们一生的功课，就是在做人上。只有先让自己有生活自理的能力，才能有与人良好互动的能力，才有教会子女见贤思齐的能力。

南怀瑾语录：读书·实践·交友

光读书读多了，不是学问，是书呆子，没有用；还要行万里路，观察多了，才是学问……这还是不够的，必须加一句“交万个友”，还要交一万个朋友，各色人等都接触了，这样学问就差不多了。

父亲的教育理念：古今合一，中西合璧

要知道，我们在外面的一举一动，都关系到家庭、家族，甚至是我们的国家。如果每个人都能够做好家庭的一分子，社会上就会有好的人，国家就有好的公民，而我们的民族就能让全世界其他民族敬服。

家教不是死板的教条，不是严厉无理的、不容辩驳的、不合情理的、违反秩序的，更不是任性抗辩的，家教必须是快乐的、自由的、受尊重的、互敬的、发自内心真实的。

因为，家是我们每一个人最信赖的安全环境，唯有我们的家快乐、和平、健康，我们才会快乐、健康。

父亲所理解和倡导的教育，既不同于传统教育，也不同于现代教育，更不同于西式教育，而是具有独特价值、理念与模式的，具有鲜明的“中式”特色的新式传统教育。

在父亲人生最后的旅程中，他始终没有一个稳定的居所，最重要的是他不在乎有什么场地，他是真的心无所住，无欲无求。很多人以为父亲办太湖大学堂是为自己保留一个纪念，这完全误解了父亲的意思。

其实，父亲在初到中国台湾时就有一个心愿：建立一个居士林，让有心修行的朋友们有一个共修的场地。曾经有人承诺可以

把这件事办成，于是父亲拿出钱请这个人去办这件事，结果是人财两空，再也没有该人的音信。

由此可见，父亲修建太湖大学堂，实际上也是为了完成当时的心愿。在这个大学堂，他可以心无旁骛地讲学传道，践行自己一生接续中华文化断层的宏愿。

父亲不顾年事已高，仍然亲自上阵，从建筑设计到装潢设计，从整体风格到内部摆设，几乎每一个细节都倾注着父亲的理念和心血。

经过六年的辛苦努力，原先荒芜一片、芦苇荡一眼望不到边的滩涂地上，竟然耸立起了几栋三层的楼宇。当地人见到学校建成，无不为之赞叹，他们说之前这里建任何建筑都极为困难，短短几年，滩涂地竟然变成了风水宝地，都争相前来观瞻。

面对来自各方的赞誉，父亲打趣说："以前这里是鸟不生蛋的地方，现在来了很多鸟争着在这里生蛋。"不过，父亲也正色说过："王勃有云：'人杰地灵。'一块地方好，'人杰'要排在'地灵'前面。"的确如此，再有灵气的地方，倘若没有杰出的人物彰显其华彩，最多也只能算是风景宜人，而谈不上钟灵毓秀。

大学堂建成之后，父亲如倦鸟归巢，在这个他"曾经见过"的地方定居了下来。此后六年的岁月里，耄耋之年的父亲，公开授课五十余次，受惠者不计其数。如此日复一日，读书、修行、育人，他一刻也未曾懈怠。父亲的心愿，是在这个地方播下传统文化的星星火种，并让其扎根发芽，将来生长为参天大树，使古老的中华传统文化焕发新的生命力。

当初在决定创办这所学堂的时候，父亲在学堂的命名上颇费了一番心思。

高楼大厦只要有钱就容易建起来，但书院不是挂个牌子就行，还要有足够学识和品行的教师，他们能够天天与学生在一起，言传身教。这样的教师说不上凤毛麟角，但也确实是可遇不可求。

第二道难题是招生。当代教育让学生上学目标极为明确，那就是上一所好大学，然后找一份好工作。在此过程中，学生的独立创造、自主思维能力等方面发展受到某种程度的限制。

传统书院的教学模式和现代学校的教育模式区别很大，绝大多数家长为了让孩子适应社会，为了孩子的将来，都不会把他们送到这样一所传统的书院来学习。没有师生，书院就是个空架子，所以传统书院在当代社会一直不成什么气候。父亲心之所属的学校，需兼具传统书院与现代学校教育之所长。

父亲所创立的学校作为私人讲学的场地，自然具备传统书院的特点。父亲就是山长，他博古通今，知识渊博，一辈子教学传道，桃李满天下，许多学生都心甘情愿追随左右。但是，学校招收的学生是现代社会的学生，他们生长在全球一体化的时代，又赶上了互联网浪潮，所以他们不可能和过去传统书院的学生一样，被父母放在书院里，活在一个相对封闭的小圈子里，就此与世隔绝。

大家知道，由于历史的原因，中国传统文化出现了断层，现在学生的传统文化功底都很不扎实。有鉴于此，父亲明白，现代书院在今后相当长的一段时期内都不可能复制、重现古代书院的教育模式；但是根据时代特点，现代书院可以走分享、互动、共同成长的路线，将学生的自我教育和外部启发、熏陶相结合，使书院的师生相互激励、教学相长，在书院的幽雅环境中不断提升综合修养和经世致用的能力。

因此，父亲最终决定将太湖之滨的这所书院命名为“太湖大学堂”。大学堂不仅注重传统国学，同时也寻求通晓现代人文科学与自然科学等的人才，来支持、配合学堂的建设。

父亲创办的大学堂力求融合中西方文化精华，其意着眼于整个人类的未来，以补偏救弊于现代社会的沉疴宿疾。父亲不计付出，默默耕耘，用毕生努力推动这一文化建设。太湖大学堂的建立是他的理想在更高层次的实现。

由此可知，传统家教及现代家教、中方文化与西方文化同等重要。父母之教育子女，需取其精华，去其糟粕，不能拘泥于其中一棵大树，而丢掉了整片森林。

南怀瑾语录：胎教

中国文化教育是从胎教开始的，父母两个的意见，一切言谈、行为，不断地影响孩子，这种影响就是教育，就是我讲《大学》的齐家之道，是要靠我们自己，靠自我内圣的修养来完成。

◎ 1969年秋，荣星花园游园。从右至左，二姐南圣茵、张建中、父母，我扛弟弟在中，薛乐如和杜莉在左右，大姐南可孟、杭纪东在后。

父亲的人生态度：进退皆宜，与人为善

有人曾问父亲：“你有没有一个真正的学生？”父亲答：“没有。”理由是：“当我的学生，得文武都会，至少同我一样。古人说‘上马能击贼，下马作露布（古称文告）’，‘下笔千言，倚马可待’，宗教、哲学、科学等没有哪一样不懂，然后才可做我的学生。我的要求是这样，所以我讲我没有学生。他们有的道德高尚，有的文章写得好，各有所长，那不是我希望的。换句话说，如果做生意，马上就会赚钱；如果做小偷，一定偷得来，如果被抓住，那就不算数。哈哈，这只是个比方而已。”

这是父亲的一个戏言。很多时候，他会就相同的问题做不同的回答，这当然是因为人、事、时、地的不同，有时开开玩笑，也是父亲的个性使然。但医、卜、星、相、文、数、诗样样精通的人往往都自认为师，不能再虚怀若谷地学习了；所以，对这样素质的学生的要求就是百丈禅师说的“见过于师，方堪传授”。

人生的选择，说到底就是无数次进退的选择。做人做事要知进退，知道什么时候该争取、该奋斗，什么时候该退让；做每一件事都明白自己的得失，看准机会，把握机会，会审时度势，发

挥自己最大的潜能。

父亲说过：进退皆宜。为人处事，进一步或退一步，不是一成不变的，但这种进退始终不是为个人，是为大多数人，于众人有裨益。为什么说进退皆宜？因为要等待时机。进退并非让子女秉承“退一步海阔天空”，进退之道是一种谋略，也是一种方法。在父亲看来，知进退就是与人为善。

父亲在教育我们时，时常讲解进退之道。他说：做官必须学学令尹子文。“三仕为令尹，无喜色”，他三次上台做令尹，并没有觉得了不起，一点也没有自傲过；“三已之，无愠色”，三次下台卸官，他也没有难过。人的修养再好，在上台与下台之间，真能做到淡泊的却并不多。

父亲与人为善，和人结交不只跟正派的或是清流的人往来，也结交一些一般人以为是“邪魔歪道”的人物，且来者不拒。这一原则绝不因外界的不了解和毁谤而有所动摇。

父亲常说：引导一个普通人向善，其影响范围非常有限；而引导一个有恶行记录的人向善，对社会的正面影响就太大了。随着与父亲的交往，有些“邪魔歪道”的人也发生了转变。

父亲曾将自己的人生过往评价为“一无是处，一无所长”，这个自我评价，就是因为父亲对自我了解透彻了，突破思想的限制，豁然贯通，致精神豁达，是一个全然了解中华文化的读书人的最高境界。

能够全盘了解儒、释、道文化核心的人，才能够说“一无是处，一无所长”的话。从这个角度看，被人们认为的“是”，只是一群人在特定的环境里所共同认定的理念；换一个环境，换一群人，就未必有相同的理念了。他们的不同也是他们的“是”。简单地说，“一无是处”正是可以让人处处无碍，随时可以接受特定环境和人事所执着的理念，从而调整自己，这是最圆融的表现。

在我看来，父亲的“一无所长”就是世事洞明，每一样学问都有所长，反而是没有特长，也就是所谓格物致知。

由于自幼深受父亲的身教与言教，我对中华文化的喜好和理解也不同于他人，许多旁枝末节的知识只是我学习的点缀，直指人心的了解才是我对此生存在的学习。我知道自己与父亲的缘分深厚，所以才有机会有一个不同的学问起点。也就是有了了解，才会有传承民族文化的信念与决心，现在才会继续与新一代的国人讲述我们的文化优美之处。

有人曾问我，无论在演讲还是访谈之中，我总是保持着微笑，父亲也始终保持着微笑，这是为何？可能我觉得只要与人交流，就是激荡思维，是一件愉悦的事。这种愉快自然而然就在面部反映出来。可能更是感谢别人愿意与我沟通，在这个世界上众生芸芸，能有机会与之对话，无论什么内容，都是非常有缘的人，我自然觉得开心与感恩。

当然，若是在讨论、辩论时，随着表达的需要，我未必是微笑的，也有激昂的表情。演讲是分享头脑震荡的喜悦；访谈是因遇到别人的用心而喜悦，这样的微笑确实来自我内心的感恩。这也是我与人为善的表现之一。

南怀瑾语录：提起与放下

普通的人，叫他做学问，才用功读了一个礼拜的书，便觉得很累，就停下来去玩了，为学不能日益。去修道做工夫的话，放不下，刚打坐几天，又觉得一天到晚坐着，淡而无味，浪费时间，也要跑出去玩玩儿，所以“为道日损”也做不到。因此，一般人多半都在为学未益、为道未损的情况下，提也提不起，放也放不下，就那样过了一生。

第三章

好家风塑造好品质

人无信不立，施恩不求回报

家风，是一种能对人进行潜移默化影响的力量。良好的家风都存在共通之处，比如品行端正、思想健康、情感真挚、家庭氛围融洽等。正是这些良好的氛围，才塑造出一个又一个身心健康、能为社会做贡献的人。

曾子是春秋时期鲁国人，是孔子最得意的弟子之一。一天，曾子的妻子要去赶集，儿子哭闹着要一同去。曾妻便说："你乖乖留在家，等我回来为你杀猪。"曾妻回来后，看到曾子准备杀猪。曾妻急忙上前制止："我只不过是跟小孩开个玩笑罢了，你为何要当真呢！"曾子却说："不能和孩子这样开玩笑。小孩没有独立思考和判断的能力，需要向父母学习。你今天欺骗了他，就是教他去骗人啊！母亲欺骗孩子，孩子就不会再相信自己的母亲，这不是正确教育孩子的方法。"于是，曾子就真的为了孩子把猪杀掉了。

这个故事讲的是做人要诚实守信。诸如此类的故事，在中华优秀的传统文化中还有很多。在家教和家风的传承过程中，每个时期诚信教育都非常重要。虽然有很多父母都是在上一辈的哄骗中长大的，但他们不应把这种哄骗再"言传身教"给下一代。

父母与子女之间尤其需要诚信相处。孩子的独立思考和判断能力还未形成时，家长的一言一行，无一不是孩子模仿和学习的对象。不管怎样，当父母在与孩子相处的时候，如果能用诚信对待孩子，那么必定会得到孩子正面的反馈。

人无信不立，优秀的家风，一定是在诚信的基础上建立起来的。父母每一次面对孩子，是选择“善意”的谎言，还是诚信？如果父母选择谎言，孩子也会选择谎言；如果父母选择坦诚，孩子也会选择诚信。而最终的家风传承，就是传承谎言还是诚信。

有人问，当我遇到不诚信之人，又当如何？我父亲就有过遭遇骗子的经历，而且还不止一次。彼时，父亲正为了钱的问题担忧不已。一日，一位同学匆匆跑来告诉父亲，西湖里捞起一个跳湖轻生的人，自称乐清人，是父亲的同乡。父亲一听是自己的同乡，赶紧叫同学带路来到湖边。

只见湖边坐着一个中年男子，浑身湿透，显然是刚被从湖里捞起来，十分可怜。父亲见状，赶紧上前一问究竟。中年男子一边抹着泪，一边凄惨地诉说：他原本是个生意人，从乐清来杭州做生意，却不想赔光了钱，现在连回家的路费都没有了，没脸回家，只好投湖自尽，了却此生。

周围的人听了他的遭遇后，议论纷纷，有的认为他十分可怜，有的却表示怀疑：冬天的西湖水并不深，他跳下去不一会儿就被好心人救了上来，根本没受到什么伤害。

父亲总是乐于助人，看到他一副可怜的模样，就顾不了那么多了。他不仅把那人带回学校，拿了自己的一套衣裳让他把湿衣服换下来，还到厨房给他弄了点吃的；然后不顾自己也是泥菩萨过河——自身难保，还是从仅有的八块钱里拿出六块钱给他，叫他赶紧回家过年。

父亲觉得，虽然自己也囊中羞涩，但是资助同乡回家也算是做了一件好事，心里依然十分高兴，就算自己受苦，也不会后悔。

过后，他在信中把这件事告诉了祖父。祖父在回信中说：这个人是个骗子，已经骗了不少人了。不过，你这样做也没有错。

这是父亲第一次受骗上当，由此他明白世上的人并不都像自己那般单纯，那样言行一致、表里如一。不过，他并不因此便对世界产生怀疑，认为人人都是骗子。相反，父亲宁愿相信好人是大多数，有些人做坏事也有原因。从佛理上讲，是一种因果。

后来，他又遇到有人求助的事情，还是会尽力去帮助别人。他总是这么想："有时候明知这个人是个骗子，他来向我借钱，我还是会借给他。他向我开口，说明他有难处，我能帮忙，为什么不帮呢？"他的这种思想和作风，平常人简直无法理解。当时他的同学问他为什么要这样做："明知道是骗子，你还甘愿上当受骗，是不是脑子有病呀？"他就会摇摇头，很认真地回答："'真心不怕假和尚'，施恩不必求报。"

就像我父亲一样，父母在教育子女时，不仅要教导子女讲诚信，还要教会孩子，当他们被骗时应当怎么做。如果对方只是因为穷才骗你，或许他没有这笔钱就真的活不下去了，这时候就不要计较，权当是一片慈爱之心普度大众。你这么做，只是在尽可能地帮助他。当然，骗人的行为本身是错误的，不能助长因为穷就可以骗人这种风气。

父亲还有一事，让我感触颇深。彼时，父亲正在办公，有一个人来，对父亲说他想回花莲，但是缺路费，想向父亲借五百元路费，回去一定依址寄还。父亲什么也没说，便将钱给了他。隔了一年左右，那人又来了，但是这次换了种说法，说自己的脚被撞伤了，缺医药费，希望父亲能借钱给他。

父亲的学生古国治看了很生气，甚至想揍他。可父亲却只是笑一笑，钱还是照给。那人走之后，古国治很不平地说："他是来骗钱的，上次给过了，这次换个借口又来。”父亲没有说什么，仍然只是对古国治笑一笑。父亲当然知道那人是来骗钱的，只是不拆穿而已。

真诚待人，便是父亲受人尊敬的原因之一。诚信是一个人做人的基本准则，把它拆开来看，诚是诚实，信是信用。只有诚信之人，在社会上才能受人尊敬。

南怀瑾语录：做人做事与学问

学问不是文字，也不是知识，学问是从人生经验上来、做人做事上去体会的……我们看见人家犯了这个错误，自己便反省，我不要犯这个错误，这就是“学问”。

谦卑自省，戒骄戒躁

父亲告诫我们，做人一定要谦逊。易经六十四卦，只有谦卦无悔，所以为人处世最难的就是谦和。古语有云："满招损，谦受益。"这也在不断地提醒我们，为人处世应时刻保持警觉。

春秋战国时期的宋国大夫正考父，一生辅佐过三个不同的国君，地位非常高。他在家庙鼎上铸下家训："一命而偻，再命而伛，三命而俯，循墙而走，亦莫余敢侮。""一命而偻"，第一次是弯腰受命；"再命而伛"，第二次是鞠躬受命；"三命而俯"，第三次是俯下身子受命，这就是谦虚。位高权重者更应该懂得谦卑自省、戒骄戒躁。

父母教育子女时亦是如此。有些有能力的人可能稍缺耐心，容易在言辞之间让人觉得不快；更有些无能之人，反而脾气甚大，莫名气势汹汹，让人哭笑不得。不论是因自信而生的自傲，还是因自卑而生的自满，所表现出的不谦和的态度，对良好的家风传承毫无益处。所以，我父亲也时时要我提醒自己，引以为戒。

当然，大部分人只会要求别人态度好，却根本看不到自己的不足。所以，当别人不谦和时，自己会莫名地产生情绪上的自我伤害，而又怪罪他人。

父母与人相处时，尤其要注意谦虚的态度。如果看到对方对自己的傲慢不自知、不自省时，要主动告知对方，同时审视自己是否也像对方一样傲慢，有则改之，无则加勉。

聪明的人看到别人自省，会马上检讨自己，会因自己的不足而感到惭愧；愚昧的人看到别人的自省，会觉得窥到了别人的缺点，因而沾沾自喜，甚至还对其广为宣传，败人名声。这是人性问题。

父亲在学院讲课时，曾多次给学生分析过人性，通过对人性的分析，给他们以教导和启迪。

人性真是一个奇妙的东西，不同环境成长的人会有不同的习性、品格，从而表现出来不尽相同的行为。行为只不过是人的性格的一种外在表现形式罢了，只有透过外在的形式，深入分析其心理特征，才能真正把握一个人的习性。

说起来，这也算是心理学的范畴。父亲虽然不谈现代的心理学，却能透过现象看本质，透过一个人的表现看懂他的内心。

有一次，某个人对父亲的某个学生说话非常傲慢无礼，学生心中不爽，就来禀告父亲。父亲却没有多说什么，只是告诉他，那人之所以傲慢无礼，不是真的傲慢无礼，而是内心自卑的缘故。

大家都十分不解，明明大家都看到了那个人的傲慢行为，父亲为何说他只是自卑呢？于是大家便自然而然地认为，父亲这个话，只是为了安慰那个心中不爽的学生罢了。实际上，父亲这么说并不只是说来安慰那个学生的，而是他内心的真实想法。

因为后来父亲也多次提到过，一个人表面上的高傲无礼，其实都是自卑心在作祟。如果一个人胸无点墨、头脑空空、生活迷茫、没有方向，那么便会有一种自卑感。有了这种自卑感之后，却又害怕别人看出来，只有极力装作什么都懂的自大的样子来掩饰，不自觉地就变成这样一副模样了。

这样的人心中无物，终日浑浑噩噩，其实非常可怜。如果我们了解到这一层，便不会因为与傲慢无礼的人说话而感到不爽，心中自然也就少了一层忧虑和烦恼。虽然父亲如是说，但是不知道他的学生能否懂得父亲的这份豁达大度和了悟。

父亲明白，即便如此解释，还是有很多人不会释怀，便进一步开导道："一个有才有德的人，一定是谦谦君子，不可能自大自傲，更不会借他人的名气吹捧自己。就像我们这些炎黄子孙，自己什么都不是，什么贡献都没有，还想要别人赞美！别人赞美的是我们祖先的成就，敬仰的是你家的先人，不是你。你能不令祖先蒙羞就不错了。年轻人要努力啊，先要知道谦恭，谦恭也是自重，自重则人重。"

父亲的一席话，真如警钟长鸣，让人幡然醒悟。

父亲虽在讲佛法，但并不赞成随便一个人就去学佛、成佛。他认为，如果一个人连做人的基本准则都没有遵守，又谈何成佛呢？故而他最重视的，还是教学生们如何做人。父亲也时常教导我做人的重要性，常说："不懂世法，何以修佛法？"

最初的时候，我懵懂无知，当然不解其中深意。但在经历几十年的人生磨砺后，我才深知父亲此话的用心良苦。父亲常念道："诸恶莫作，众善奉行，自净其意，是诸佛教。"这句话已经很明白地指出，成佛学佛是从做人开始的。人要不作恶，一生行善，净化自己的心灵，以一颗纯净之心对待世间万事。

人世百态，世事无常。学会了应对凡尘俗事而无怨，人便是做好了。但是，这却是比打坐吃素还难以做到的啊。修行不易，做人更难。

然而，许多人在听到父亲讲授佛法中的诸种奥妙后，未待理解其中的深意，便迫不及待地妄图找到一条修行的捷径，尽快点石成金，修得正果。于是总有些深陷贪、嗔、痴、毒而不自知之人找上门来，请求父亲点化于他。父亲常常感叹不已：“真不该讲那么多佛法，反而使许多人沉迷，而忽略了做人的根本。”

从这里也不难看出，父亲相当看重谦卑的品质。毕竟只有先学会做人，才能学会做事。谦卑的家风、家教，对子女也是大有裨益的。由此看出，家风家教要形成一个正确的“意识形态”，即应该如何做人，做人最重要。如果要问我们南家的家训是什么，就是好好做人。

南怀瑾语录：真正的幸福

从中国儒道两家的观念看来，什么是幸福？知足常乐就是。人能安于现实就是幸福……真正的幸福在哪里？就在禅宗讲的“当下即是”，就在现在这一刹那。

◎ 1980年10月11日，台北松山机场，父亲南怀瑾送南一鹏赴美。

体魄健康，身心自由

在美国马里兰州一个小城市，媒体报道了一件有关子女养护的新闻：一对小兄妹在没有大人看顾的情况下，独自在公园玩耍，从而被警察带走管护，经过数小时后，才交还他们的父母。

这对孩子的父母，是一对采取自由教育，鼓励孩子独立自由活动的父母。他们已经第三次因为让孩子在外面自由活动而惹上麻烦。

下午放学后，他们六岁的女儿和十岁的儿子到离家两条半街的公园玩耍。因为没有大人在旁边照看，路人担心会出事，于是把警察叫了过来。

十岁的儿子说：警察宣称要带他和妹妹回家，但是两兄妹被迫坐在警车上三个小时，上洗手间都不被允许；最后他们还被带到儿童保护局，又待了两个半小时，晚餐都没吃上。

随后，他们的母亲在脸书（Facebook）上贴文说：一直没有收到警方告知的任何消息，直到孩子被带到了儿童保护局，他们夫妻才接到通知。后来，儿童保护局要他们签署一份“未成年人安全计划”才允许他们把孩子带回家。

这对父母并没有受到任何法律上的指控，因为当地的政府还在考虑，如何根据相关的法规来处置。

一位专栏作家在《华盛顿邮报》撰文说：儿童难道连单独在户外玩耍的自由都没有了吗？他的文章立刻引发了全美国关于子女教养的论战。子女这样的教养有什么不对？到底是谁在伤害我们的儿童？类似这种事件的发生正显示美国对教养孩子，已经从以往互助式的、社会协助式的教养，变成警察、国家介入式的教养。

马里兰州州法规定：不满八岁的儿童，不能单独自处，必须有至少十三岁以上的人在旁边照看。这对夫妇第一次受到警告，是当时这对小兄妹从附近公园走路回家，因没有大人的陪伴而首次被警察拦了下来。当时，父母和子女都受到严厉警告。第二次受到警告，是这对小兄妹从公园自己走路回家时，又有人报警，儿童保护局认定这对夫妇在照顾儿童上有严重疏忽。

他们的母亲解释道："只因为让子女拥有在户外玩耍的纯粹自由，父母就被认定有教养上的疏忽？这使我们感到震惊与气愤。我们无意改变教养子女的做法，我们绝对要让儿童保护局给予合理认定。"

后来，她接受电视访问时也说道："我觉得养育独立和负责的孩子，让他们拥有我曾享有的自由，是值得冒的风险。这是我们身为父母的决定。"

到底做父母的应该怎么样做才是正确的养育呢？这实在是没有定论的。因为每一个人的生长环境不同，实在是没有一个固定的方法可以放诸四海皆准。但是养育子女首先一定要注意子女的生理健康，这应该是绝对的共通性行为。

不过，当一个国家与社会需要靠政府的力量、警察的力量来维护孩童的正常生活、行为时，很大程度上就已经宣告这个国家、社会在走下坡路。一个还在向上成长的国家、社会，个人的自我尊重与社会的公平正义必然是在向上提升的。

在我看来，家庭的最基本功能，就是生理的保育。作为父母，应该让子女养成一个正确的饮食习惯，同时让子女有适当的运动和保护自我的意识。

饮食，这本身就是一个谈不完的话题。许多人一生中就把饮食当作是活着的大事，每天急急忙忙都是为了所谓的三餐烦恼。不是为了三餐进食而烦恼，而是为了吃什么而烦恼，这本身就是自寻烦恼。

没有人规定每天需要进食三次，也没有规定说一定要吃特定的食物。这些都是随着社会经济的发展，日积月累，形成我们的习惯，然后我们再用这些习惯去强迫子女或是其他人来接受，如此约定俗成，好像就是必要的。然而在不同的地方，人们就是以不同的习惯存在的。

研究古人的生活，知道“日出而作，日入而息”，每日按规律就是两餐。宋朝以前，老百姓一天只吃两餐，诸侯三餐，皇室四餐；宋朝经济发达，酒肆不再被约束在市坊中间，晚上也不宵禁了，夜生活丰富了，于是加了晚餐，也就形成了今日我们的饮食习惯。虽然现在的人活动时间比古人长，需要较多的热量供应，可是在饮食上，父母应该有一个适人适量的做法，不需要把子女养成随性随意而不忌口的人。

所谓活动、活动，活着就需要运动。运动是非常重要的课题，生理健康往往影响到我们苦、乐、悲、喜的情绪，这两者相辅相成的关系，已经是老生常谈了。

西方教育体制比我们建立得早，当我们还在运用西方一百多年前的教育体制时，却没有引进现代的西方教育观念。我们把长期阅读视为必要，却没有把脑力的疲乏列入考虑范围。我们将运动视为保健的手段，却不了解运动对智力发展与获得良好情绪的贡献。在西方精英教育中，体育占据非常重要的位置。从某种程度上说，体育的本质就是人格的教育，在体育中学会输赢，学会领导与被领导，学会超越自我，学会团队合作，学会争取，学会自我把控风险，学会自主……所以孩子每天应有足够的运动时间，这是健全人生的基石。

身体健康是一切发展的基础，健康的身体必须靠适当的饮食和足够的运动来铸造，有了好的体魄，我们才能有清醒的头脑和健全的心理，可以学习如何成为一个有用的人。这不只是父母的责任，还是子女自己的责任。

南怀瑾语录：真正的儿童教育

真正的儿童教育学的是“洒扫应对”，小孩子在六岁至八岁之间入小学，怎么扫地、抹桌子，怎么形成与老师、大人、朋友讲话的礼貌、态度、规矩，这个最重要。古代讲入小学开始学“洒扫应对”，是学做人的基础，教育的目的是做人。

什么教养，就形成什么气质

人们经常会用气质、气度与气量这样的词来审视一个人，可是这几个词代表的到底是什么却是一个见仁见智的问题。

用“气”来形容物质存在的概念，应该是中国传统文化最独特的见解之一。人类思想都在解释什么是存在，古代西方把世界归为地、水、火、风四元素，中国传统文化则把自然界的一切现象都归于同一物质（气）的有序（阴）和无序（阳）变换。

“气”是西方到今天也搞不懂的概念，既然不懂，就全盘否定。毕竟我们也没有在阐扬自己的文化上做得更好，被人否定也就不能反击了。

可是，这个概念衍生出来的事物，却往往伴随着我们。在外用上，我们可以长期修习太极拳而得到身体的健康；在内明上我们可以调息，运用意识，通过调整呼吸使意气相合，从而改变自己的情志。

当内外平衡以后，我们显现出来的身体状况、心理素质、态度看法就综合成为所谓的气质、气度、气量了。因为“气”是能量，可以依随心境或是环境而产生不同的效应。

一个身体健康的人，必然是心理和生理都充满活力的，让所有接触到他的人会自然地欢喜。这样的人会以一种和蔼的态度来应对人，对自己说的话也是负责任、守信用的。

因为身体健康，自然能够承担比较大的责任，接受任务比较重的劳动；因为心理健全，不计较得失，不贪图名利，愿意分享，为人处事都尽量让人满意，因做到公平而受到欢迎。

子女的心理健康，必须源于他们自己的思考。如果父母将自己的想法一再地强加给他们，那么有一天，子女不被别人接纳时，他们必然怪罪父母。这样的孩子就像一个从小只会坐车出门的人，离开了车和驾驶，自己连路都不会走；连路都不认得，就算会认一点儿路，却是走不远，只能在自家附近转悠。在这种情况下，我们能够取得的成就，也自然有局限了。

这里列举出来的几个态度和应用，就是一个心理素质好的人所应该有的表现。

气质，一个非常抽象的名词，但表现却是非常具体。它不是用嘴说出来的，是需要用整个人来感受的，没有办法做确切的说明。它是从内心散发出来的，有如何的教养，就形成如何的气质。当然，也有人天生就具有某种特殊的本质，不过还要后期加以培养。崇德就是如何把内在的气质培养到崇高的境界，多半它是慈爱温和的态度、善良恭敬的品德、俭朴节约的适当外在表现、由内而外的相貌表征加上包容与忍让的心态等综合的结果。这几个要素，听起来觉得熟悉吗？

是的，这就是“温良恭俭让”。

做父母的应该希望子女是一个有气质的人，那么我们就需要先让自己的气质产生变化。因为子女在学习品格的时候是用看的，不是用听的。我们的内外不一致，就会使子女有怀疑而不相信，最后便否定家庭的教导。

那么，气度是什么？气度多半表现在一个人的言谈举止上。我们说谈吐不凡，是用听的去接触一个人，但是这个人的谈吐必须是与他个人的行为动作相符合的。如果只是讲得高大上，行为外表却没有体现出他个人的理念，这样也就只会落个名不符实、高谈阔论的评价。

那么，有气度的谈吐是什么呢？

有气度的谈吐，必然不单以个人或是私利为出发点。言谈的主题也必然能够引起大众的共鸣。因为无私，所以合众；因为无我，所以同亲。这就是一个简单的道理。

至于说到气量，那就是需要去感受的。气量就是包容的范围有多大。所谓包容，不是接纳一切，而是接受一切。对众人有利的，接受以后，就要协同运作，让更多的人得到好处；对众人有害的，接受以后，就要帮助其转念，让在做的人明白误区。用个人的包容，让别人对自己没有距离，愿意亲近，这样自己才有机会参与到别人的善意之中，也才有机会帮助别人做调整。

在任何一个家庭里，能够让我们学习的对象不是只有父母，父母也不要把所有的责任一肩扛起。这个社会是完美的延伸家庭，父母可以替子女寻求可以依循的榜样，让子女自己学习，古人所谓的“易子而教”，就是如此。

做子女的，如果从小有自我学习的态度，自己就会找到自己欣赏的榜样，会主动地改变，这也是古人所谓的“见贤思齐”。

如果我们在主动的父母协助和自发的子女意愿这两种学习动力中找到平衡点，那么我们就已经完美承担了父母家教的责任了。这是一件说来容易做来难的事情，不过如果是容易的，那可能对我们的人生毫无意义，不是吗？

南怀瑾语录：丢掉负面情绪

我们的心脏只有拳头那么大，将来你出去会做很多很多事，我看你前途很辛苦，责任很大，心脏只有这样大，装不了多少东西的……痛苦也好、烦恼也好、得意也罢，都不要向心里头装……统统丢掉，你就前途无量，后福无穷！

第四章

教育要抓住传统文化的精髓和实践

生活的教育，从习惯开始

“教”，是一种技能，是技术的传授，是让人通过模仿，重复地尝试、做，从而学会某种技能、形成某种能力的行为。家教，就是用身教、言教来传授特定的技能、技术，包括了行动层面的和精神层面的。所以，“家教”应该包括但不限于下列这些内容。

第一，言传身教，主要包括知识文化和技巧能力两方面。在知识文化方面，父母应注意孩子历史、文学、艺术等方面知识的摄取；在技巧能力方面，父母应培养孩子的生活技能，让孩子学会打扫卫生、简单烹调、针线缝补等。

第二，训练示范，主要包括待人接物和责任纪律两方面。在待人接物方面，父母要让孩子学会端茶倒水的规矩、应对长辈的态度，形成兄友弟恭的品性，恪守守礼有节的品德等；在责任纪律方面，父母要培养孩子守时、守法、守份、守信、守密、负责任、不推诿等品格。

第三，鼓励探讨，主要包括处世态度和开创应用两方面。父母要把处世态度的关键词公平、信用、可靠、包容、信任、乐观、进取等授给子女；鼓励子女开创应用，进行自由思考、独立判断等。

“育”，本身有维护成长的意思，我们常用培植花朵幼苗来形容这个字的作用。“育”，有保护、培植、养成和启发等各个层面的内涵。一个人从出生到长大，是一个从慢慢学习到逐步接受这个世界的过程。从视觉、触觉到感觉，无一不是逐步发展丰富起来的，这就有如培育种子的过程。那么，这个“育”对父母有什么要求呢?

首先，父母要对孩子进行生理保障，在生理健康方面，关注孩子的饮食、睡眠、运动情况，以及是否生病等；在生活环境方面，注意清洁卫生，做到环境井然有序等。

其次，在见贤思齐方面，注重品格操守培养，以身作则，注意孩子交友情况，适当引导；父母自身要保持乐观进取的态度，传达给孩子的是凡事乐观，尽其在我、不必为我的积极面，等等。

第三，更要同时关注孩子的心理健康，适当对孩子进行心理辅导，多鼓励赞美，少谴责说理，让孩子建立自信，学会自尊自重、学会自我救助；用一种包容开明的态度，帮助孩子开拓心量、包容万物，帮助孩子理解不美好的存在，等等。

这些简单的叙述，并不能包罗万象，不过只是我们可以开始探讨的一小部分。希望大家能从这些想法中获取一些触动。

在成长过程中，父母在教导孩子时，孩子不要单纯地听，而要随时与父母沟通自己的想法，随时反馈自己的意见。从父母的角度讲，父母做的都是为了子女好，但是他们觉得的好，不一定适合子女，所以及时、随时沟通，就是子女的责任了。

同时，父母也应注意，己所不欲勿施于人。孩子虽然小，但依旧是独立的个体，他们的意见需要被尊重。孩子们常常会因为懒惰、怠惰而挑选最容易的做法，如果我们能用一些实例让他们知道后果而改变心意，比一再强调自己的正确而强迫子女接受更好。

听说南非有一个词，叫作“乌邦图”，意思是“我能，是因为我们能”。

在我们的存在过程里，最重要的一件事就是“学习”。出生时，我们并不能马上让眼睛聚焦，也不能马上了解到什么是好的、什么是坏的，所以婴儿抓到什么东西就把它们往嘴里放。渐渐地，婴儿眼睛可以聚焦了，耳朵可以听清楚了，对周围发生的事情慢慢会看着大人的反应来学习如何应对。喜怒哀乐的表达，爱恨情仇的判断，这些属于情绪，就像是好坏、优劣、善恶等分别心，都是后天习来的。它们因环境、因人物而有不同，所以我们从出生到慢慢长大，就像一张白纸被逐渐填满颜色。

犹太人讲究以牙还牙，成为西方的经典；中国人讲以德报怨，衍生大同的思想。因属人属地的不同，就会形成不同的文化。

正是因为如此，家教才会显得尤为重要。家中父母的言传身教，就是孩子这本空白书的头两位画师。每一个人在成长的过程中，固然可以重新着色，但是要抹去最早涂上的颜色，许多人要进行一生的挣扎。因为要涂抹去除原先的颜色，必须用重彩！

“过分”地使用新的颜色来掩盖旧的颜色，这样的挣扎，往往会导致两个非常明显的结果。

一个可能性是父母埋怨导致叛逆，这多半来自先天个性比较强的孩子。由于对自己已经被涂染的色彩产生否定的感觉，因而会对早期的画师和环境有相对的愤怒。其实，不是每一个人一定都有青少年的叛逆期，这个叛逆期的出现，常常就是早期家教的映射与警钟。如果家庭教育的态度是积极乐观、自由独立的，子女只会更确立个人的自我信心，而不是以反抗形式来表达。

另一个可能性，就是对父母厌倦和否定自我，这多半是个性比较温和的、不喜欢对抗的孩子的表现。同样，这也是父母必须警觉的现象。问题不是出在子女的转变，而是父母早期的教育。父母能不能通过自己的了解和学习，帮助子女走出困难。

因此，谈家教的学习层面时，不是单一地传递观念，最主要的是一起成长。子女由于不能掌控自己的情绪和行为，也就只好外求助缘，从外面学到新的观念，自然可能与家庭里固有不变的观念形成冲突了。

好习惯是助人腾飞的双翼，坏习惯是难以挣脱的枷锁。如果家长希望把孩子教育好，首先要培养孩子的好习惯。好习惯不但是健康人格的基础，更是美好生活的根本，是成功的途径。孩子从小培养的习惯，将会影响孩子的一生。

南怀瑾语录：勤能补拙

老实说，没有什么脑袋好不好的，是肯用心与不肯用心之故。你把我这句话仔细研究，聪明的人一听就会，就记住了。我笨，我多念一百遍，也成功了。所以，“勤能补拙”这四个字要记住。

培养孩子独立不倚、卓尔不群

在教育方面，我的父亲一向主张开放式教育，主张独立，并鼓励学生掌握做饭、习武和野营等的技巧。

这就是要求个人先能独立自主，让自己不依赖他人而能自立的道理。一个不能照顾好自己的人，能够照顾好他人吗？一个不能对自己负责的人，能够承担更多的责任吗？

己立而后立人，这是家风、家教中的重点。任何事情，最开始都要先从自己做起。照顾自己也是一种能力，有能力之后才能发挥能力，才能承担责任，也才能协助他人，做到“立人”。做人不能总只看到自己，要有胸怀。我能为你做些什么，当你的贡献变得无人可以取代的那一刻，你就成功了。利人就是利己。

父亲在我幼时就培养我独立、勇于承担责任的品格。我从小到大都独立自主，时刻保持良好心态，也有能够帮助他人的能力。我属于喜欢思考、喜欢探求终极人性智慧，既感性也理性的性情中人，在思考智慧方面讲求理性，对人际事务偏向感性中的理性，对做人气节偏向理性中的感性，这些也帮助我建立了比较完善的人格。

我父亲不参与任何人的人生，自然也不会为谁去规划他的未来人生路径，这也是因为他自己是独立的。因此，作为他的子女，我们的独立就显得尤为重要。而我父亲的独立，得益于我的祖父母。

祖母应该是个非常圆融智慧的人，对父亲的疼爱也是非比寻常的，可是他们母子一生相处的缘分却只有十数年光景。

祖母经历了儿子远走他乡，丈夫客死异地，乡亲的争斗，到孙辈的砥砺成才。所有的苦难遭际，都没有改变祖母乐观积极的人生观。她老人家到九十多岁依旧能背《千家诗》；节俭的习惯让她总是把洗脸水留下，用来清洗衣物。祖母年纪虽然大，每日三餐都还是吃干饭；身体非常健朗，过世时也年过百岁了。

祖父母一向和睦要好，可是有一次不知道因什么事吵了起来。父亲看书正看得痛快，听到两人吵架，一下子升起了无名火。他往两人中间一站，大声说："不要吵了，你们两个人吵什么东西！吵得我不能看书了！"说完这话，他自己都感到莫名其妙，不知道为什么有勇气发了这通脾气。祖父母被父亲吼得一下子愣住了，两人之间的争吵也随之停止。

父亲当然知道这样对长辈吼是不对的，心里十分羞愧和后悔，却不知道为什么会这样。结果，当天晚上，祖父却主动告诉他说："孩子，你终于长大了，现在你犯错误，我不会打你了，只给你讲道理。"听到祖父这番话，父亲再也控制不住，眼泪哗啦啦掉了下来，只觉得这似乎是很严重的一个问题，却讲不出一个道理来。

祖父看见他掉眼泪，欣慰地笑了，赶紧把他的眼泪擦掉，说："去读书，好好看书去，没有事。"语气非常和缓温柔。这件事对父亲而言更像是一次不期而遇的成人礼。

通过这件事，父亲也明白了祖父之前的严厉并不是没有道理：对待懵懂小孩有对待懵懂小孩的方式，在他们少不更事时，事无巨细地"耳提面命"，是因为孩童之气未脱，无法对自己的所作所为负责；而一旦他们显露出成人的情感，能够像大人一样理解父母，同时又会独立思考的时候，父母就必须即刻换一种教育方式，像对待大人一样，跟他讲明道理，耐心交谈。

父母的权威并不在于一味地压制子女，而是在他们尚未脱离稚气时引导他们，在他们已然有了独立认知之后，尊重并辅导、支持他们。也许，这正是祖父通达独到的教育智慧。

父亲小时候就显露出一些天分和才气，有些是无师自通，有些是误打误撞，有些是机缘巧合，有些是潜移默化，有些甚至还有早慧开悟的意味。但毫无疑问，教育也是一种因缘，有着相当材质的人，也需要在合适的时候遇见合适的施教者，为他创造合适的成长环境，这样才能不断地启发他、造就他。

如果说父亲这一生有所成就的话，那么，可以肯定的是，与祖父母的缘分和他们的爱护为他奠定了厚实的基础。我的祖父特别注重家风，不仅对家人们要求十分严格，而且自己也会事事亲自去做，亲身体验，一点儿都不含糊地严格要求自己。

让我印象深刻的是，父亲也会通过自己的言行，给我起到一个榜样的作用。譬如说要我扫地，他会示范如何扫地才能不扬起灰尘；要我敦亲睦邻，就会带我主动与新邻居沟通；要我静坐，也先示范静坐重点，讲解清楚。

只是所有的教，都以我能够接受为准，并没有任何强迫我接受的要求。所以我和父亲的互动就如同自己必须当下懂得，否则就会错过的那种关系，因此我也非常珍惜我们两人的交流时刻。

孩子们的独立性需要父母一点点来培养，作为父母，也当学会一些培养方式。

父母要教会孩子自己动手。父母总觉得孩子还小，需要娇生惯养，大可不必。在孩子想自己去做些事情时，如果不是特别危险的，父母不妨鼓励孩子大胆去做。

父母要教会孩子自己的事情自己做。孩子的事情父母当然要看着，但是当他可以自己洗衣服的时候，父母就要教他洗衣服；当他会叠被子时，就要教他自己的被子自己叠，养成好的习惯，才能慢慢独立。

父母不要过度保护孩子。父母都应该知道，在面对真实而严酷的环境时，温室里长大的花朵是很难存活的。

父母要教会孩子面对挫折。孩子发脾气时，父母不要直接训斥他，而是让他思考：你这样可以解决问题吗？然后，再对他进行正面引导，养成好的心态。

父母要善于给孩子布置任务，让孩子学会自己面对问题，培养孩子们的独立性。

父母要允许孩子的提问与选择。孩子在成长过程中，总会问出父母意想不到的问题，做出父母意想不到的选择。此时，父母不要阻挠，对于问题，要让孩子学会借助外力来解决；对于孩子的选择，父母要学会尊重。

父母要与孩子共同成长。父母要学会坚持，因为孩子的培养，一定是个漫长的过程。

南怀瑾语录：勇于改过

每个人自己做错了事，说错了话，自己晓得不晓得呢？绝对晓得，但人类有个毛病……就是明明知道自己错了，第二秒就找出很多理由来，支持自己的错误完全是对的，越想越觉得自己没有错，尤其是事业稍有成就的人……所以过错一经发现后，就要勇于改过，才是真学问、真道德。

南门家教，明德守礼

孩子从小就听大人说，做人要彬彬有礼。彬彬有礼是表示个人修养和作风的道德用语，形容一个人文雅有礼貌。先不说彬彬是什么样子，但讲礼一直是中华文化强调的传统。自周朝以来，这个礼就有实质的定义和规范，从国家的仪式到个人的行为都有相对应的要求。它所代表的意义，就是尊重；它的表现，就是规范。

管子云："仓廪实而知礼节，衣食足而知荣辱。"父亲在食不果腹、衣不保暖的困境中，却依然知礼节、知荣辱，有着悲天悯人的情怀，这不仅是他自己所坚守的原则，也是他对我们的要求。但父亲不是通过头头是道的说教，而是通过自己的一言一行进行言传身教，让我们体验到、感受到这种历久弥坚的情怀。

父亲历来秉持"见师就拜，逢人就学"的修行态度。在台湾的时候，他拜了一位令人十分敬重的象数大师胡庸先生为师。彼时，父亲听说了胡庸的大名，便登门造访。见到我父亲后，胡庸十分惊讶，一眼就看出他是个不凡之人。加之父亲学识渊博，对《易经》早已有所了解，因此两人一见如故，交谈甚欢。这次见面之后，父亲对胡庸的人格和学识都非常尊崇，便以师长之礼相待。

生活中，人们很自然地会用有没有礼貌来评论一个人，所以懂礼貌的人，会被多数人接受。要成为有礼貌的人，我们就要了解什么是礼，然后要在行为中遵循礼的规则，这样才会人人守礼，人际关系和谐。

作为一个家庭的成员，最基本的要求就是对长辈尊重。长辈这个名词，在中国文化传统中不仅代表了年纪长，还代表了辈分大。尊重长辈不代表晚辈地位低，也不代表晚辈学识、见识少，而是表示出晚辈的品德好、教养好。我们懂得去礼敬他人，是尊重他人的表现，体现的正是一个人的自尊与自重。

现在，一些年轻人所欠缺的正是礼敬他人的品德。表面上这部分人好像尊重他人，就算有人犯错或是侵害了大众的权益，也习惯了不予纠正，甚至用大道理来说，这是政府的责任，要用规章制度乃至法律来约束。小的譬如说插队、制造噪音、开车不礼让行人等，这些影响他人的行为与现象，如果没有道德约束而依赖规章制度、法律来解决，那么我们就如同动物园里的动物，一切由他人做主就是了。

我们经常会说，现在的社会是一个浮躁的社会。所谓的浮躁，就是因为无礼；无礼，就是因为无家教。一个有领袖气质的人，必然是能够改变环境而不是等待被环境改变的人。所以在子女的成长过程里，父母应该明白：唯有提升自己的品德，并能够坚持自己的品德的人，才能逐步地影响周围的人群，才能慢慢地影响社会，让其做出改变，最后为国家和民族的发展贡献一分力量。

好的家教，不但需要以身作则，而且还要择善坚持。去除浮躁，先从自身做起。不要因自己的私利侵犯别人，不要假借团体的名义侵害别人，先在个人行为上调整，才是有用的教育法则。

再看“彬彬”二字，“彬彬”出自《论语》，其实就是所谓的文质兼备，用现代一点儿的话来说就是表里如一。中华文化讲做人，是要从内而外变化的，只是这样的变化需要比较深邃的思考，是多数人没有时间或无意愿来做的事。所以，我们的先辈就设定一些由外而内的方法，希望也能够达到变化气质的目的。这些方法是从行为上要求、动作上约束，来达成精神上的改变，寄望能够有意识上的变化，是量变到质变的过程。

我们常常说“修行”两个字，就是通过行为上的修正，寻求意识上的转化，从而蜕变成有智慧的人。所以父母养育子女要在行为上适当地约束、正确地引导，如此才能培育出“彬彬有礼”的子女。

对待长辈要尊重、尊敬，与平辈、晚辈打交道，我们也应该懂得“以礼相待”。最起码的礼仪就是起身相迎，以亲切的态度称呼，招呼朋友入座、端茶倒水，认真倾听朋友的叙述，与朋友交谈。这就做到了基本的礼仪。

青少年在日常生活中，不要总让父母去监督、提要求，应该以负责任的态度主动去处理事情、解决问题，这是对孩子、对父母的“礼”；培养自己的时间观念，不要迟到，因为个人的迟到，就是浪费他人的时间，是对他人的不尊重；答应的事要尽力做到，如果做不到也要告诉对方，这样是守信用。

法律是公共条款，必须尊重；更重要的是，不做违反法律所禁止的行为。任何人的私事，传到我们的耳里，就不要再随便地告诉其他人，否则就是辜负告诉我们这件事的人的信任；但是如果是对他人或者大众有害的事，就一定要有勇气说出来。

所以“家”到底教你什么？在中国传统文化中，家里教的就是“礼法”。“礼”是什么？就是待人接物的法则。当一个人离开家接触到外面的社会，如果不懂“礼”的话，就会有人以“法”来教你。

许多人以为“礼”就是“法”，可是两者大有差别。“礼”是源于内心自发的尊重，因个人内心尊重原则而形成的行为规范，它叫“礼”。“法”是被动加于个人的外力，是大众必须接受的行为规范，不是有选择性的。所以两者有很大的差别。其实，两者都有其效果，只是一个是内心的作用，一个是外力的干预。

当今社会有非常多的不足，有非常需要改进的地方，唯一能够让这个社会变得好的方法，就是我们每个人变成我们自己愿意去尊敬的人。作为一个聪明人，你是愿意练内功、自主自发地懂得做人，还是接受打击，让社会来教导自己做人？当然应当接受前者。所以，家庭教育最重要的内容之一就是教子女学会待人接物。

南怀瑾语录：好学深思

一个真正立心做学问的人，实在永远没有空闲的时间。尤其是毕生求证“内明”之学的人，必须把一生一世，全部的身心精力，投入好学深思的领域中，然后才可能有冲破时空、摆脱身心束缚的自由。

君子不器，允文允武

对于大部分青少年来说，读书的时光总是快乐的，甚至是一辈子也忘不了的。不过对于从小身体不太好的父亲而言，他少年时的欢乐相比其他同窗要少一些，更多的时间是在生病吃药中度过的。

他生来多病，六岁到十二岁，身体一直非常弱，加上正餐不能好好吃，三天两头生病。十二岁以后，像伤风感冒之类的小病仍然不时光顾，不过一辈子却也没有得过什么大病。

读书、练武是父亲少时生活的二重奏。虽然体弱多病，他却喜欢练习武功，一心梦想着有朝一日做个侠客，行侠仗义，快意恩仇，真可谓是“学书未成先习剑，用剑无功再读书”。他曾偷偷地叫人到上海，买了许多有插图的武术书——大概是 20 世纪初期的一些武术著作，真假也无从考证了，那些书后来也都没能保留下来。

没有老师，他就一个人待在书房里，趁家里没有人的时候，照着书上的图案，一招一式地依葫芦画瓢，倒也练得有模有样。有一天，他读完了书，照着书上的某个图案，倒挂在梁上，两条腿倒转来勾着，支撑不了一会儿，便气力不支，哐当一下掉到地上，发出很大的响声。

祖父在楼下听到，赶忙上来问："出什么事了啊？"只见父亲直挺挺地摔倒在地上，叫也叫不出来，动也动不了，不停地流眼泪。祖父不敢扶他，先拉个椅子坐下等着，过了许久，看他动了一下，才伸一只手把他拉起来。

祖父既痛惜又爱怜地对父亲说："你要练武功，不是这样的，光照着书上的图案比画是学不会的。"说完，他把长袍解开，打了一套拳，亲自示范给父亲看。父亲这才知道，原来自己的父亲武功很高，拳法也打得很好，真是身在福山不知福，舍近求远，拜错了老师。

不过，他还是很不解，为什么祖父上来后不直接把他拉起来。祖父告诉他，跌倒了，尤其是老年人和小孩子，没有哭出来或者不出声，千万不要去抱，也不要扶他，跌倒马上去扶起来很容易受伤。父亲后来常常以此例告诫别人。这是个常识，可惜一些为人父母者或为人子女者都不懂。

自从见到祖父显露了身手，父亲就不时地纠缠着祖父要他教自己武功，可是祖父却不肯答应，无论怎么样也不亲自教导他学武功。这是因为，中国传统的教育理念是要"易子而教"——自己的儿女不能自己教，而是要交付给朋友，请朋友来教。他知道古语说"亲不责善"，就是说亲人之间的亲情大于了一切，往往不会因为过错而责备亲人，不会毫无顾忌地管理和教授，学习的人也会有所依赖，不能全心投入地来学习。"易子而教"也是为了防止父子因相互责善而影响了父子关系，从而也会影响教育的效果。因此，只有"易子而教"，教者才能无所顾忌地施教，学者才能全心投入学好。

在《孟子》中就已有了这样的教育理念。

公孙丑曾问孟子："君子之不教子，何也？"孟子回答："势不行也。教者必以正；以正不行，继之以怒，继之以怒，则反夷矣。'夫子教我以正，夫子未出于正也。'则是父子相夷也。父子相夷则恶矣。古者易子而教之，父子之间不责善，责善则离，离则不祥莫大焉。"

父亲后来也继承了祖父的这种传统观念，常说做父母的不要把孩子盯得太紧，"易子而教"才好。父亲对我们这几个孩子的教育理念也是这样的。父亲在国熙弟年少时就将他送往美国，由他人教导，不可谓用意不深。

同样，父亲虽然精通武术，可是他在我们五六岁时，还是延聘拳师教我们中国武术，并没有亲自教导，也是秉承祖父的教育理念。

祖父见父亲习武心切，只好找一个当地的名医来做他的武术老师。这位名医姓林，父亲叫他林伯伯。林伯伯此前从不教授别人武功，平时穿长袍，走出药店就是个白面书生，很少有人知道他其实也是一个"武林高手"。他一开始怎么也不肯教，但在祖父的再三请求下，最后也只好接下了教学的责任。

林伯伯白天忙于治病救人，便答应夜里来教父亲武功。随着时间的推移，也许是因为父亲学武时的领悟力高，一点就通，所以这位林伯伯觉得教人习武也蛮有意思，就持续了下去。后来，祖父叫上邻里的四五个孩子，陪父亲一起练武，林伯伯也首肯了。

林伯伯是个有远见卓识的人，他虽然教导父亲武术，但更希望父亲也跟着他学医，最好能悬壶济世。他说：虽然学武术可以强健身体，但是练武的人毕竟是少数，是独善其身之法；得病的人总是更多，需要救治，是兼善众人之术。况且，如今武功再高也抵不住子弹，要想有所成就做个“大人物”，治病救人才是最好的途径。

他引用范仲淹的话“不为良相，便为良医”——这是范仲淹年轻时立下的志向；意思是说，如果自己将来做不了一个治世济民的宰相，那就做一个治病救人的好医生。他还告诉我的父亲：在范仲淹眼里，出将入相跟做一个名医，功德是一样的。

祖父在一旁听着，觉得林伯伯讲得有道理，就叫父亲平时也要多读医书。父亲听从了教导，一边习武，一边连着几个月阅读《黄帝内经》等古典医学名著，偶尔还到林伯伯的医馆里辨识一些中草药，看林伯伯开药方，学习了不少医学上的知识。后来，父亲很少求医看病，大多都是靠自己的医学知识制药调理，有自己的私人药房。

父亲在教育我时，也时常复制祖父对他的教导。我记得在台北有位光熹公公，这可不是清朝连续剧里的“公公”，他应该是在南氏家族里与祖父同辈分的长者，所以我要称呼他为“公公”。

光熹公公在台北迪化街的一家中药行做事，管着药铺，也会切药、抓药、配药的技术。父亲曾经叫我去迪化街的药铺，向光熹公公学认识中药。我去了好几天，他都很忙，没有时间教我什么，只是叫我去库房看药材。

可惜我那时真是不懂事，没有好好掌握机会去辨识药材，只会偷吃用蜜炮制过的非常美味的黄精，惭愧辜负了父亲的心意。

因此，父母之爱子，必要放手教育甚至“易子而教”，如此才能真正培养出优秀的子女。

南怀瑾语录：教育太快了不是好事

有些父母，如果自己的子女聪明过度，不能把他当作天才去培养，不能使他做超越年龄的进步，宁可培养他的厚重，让他在知识上的进步慢一点，向下扎根基深厚一点，并培养健壮的身体。否则的话，把他当“天才”去教育，到最后会把孩子弄到岔路上，这就是进步得太快，退步得更快。不要求急进，太快了不是好事。

大道无名，行不言之教

生活中存在着各种各样的美，家长要教会孩子发现美、感受美、体会美、运用美。美育是感受，是品位和眼光，美育渗透在儿童生活的方方面面。在同等经济条件之下，美育能让孩子活得更有自信，也更为幸福。

孩子会按照自己的喜好，对周围的物体进行选择性的观察。父母最好不要在孩子认真观察一件物体时，随便打扰他们。父母经常认为，孩子什么都不知道，所以他们恨不得把自己所有知道的东西都塞进孩子的脑袋里，而根本不管孩子的注意力在哪里。

研究标明，小孩观察一个事物的仔细程度甚至超过了大部分科学家。比如，当我们看到一朵早已司空见惯的花朵时，大人心想，不就一朵花吗，有什么可以研究的，于是赶紧把孩子拉走；可是在孩子的眼里，花就是一件神奇的东西，它有漂亮的颜色，迷人的香味，花瓣的形状和组合都有一定的对称性，连叶子的排列也具有一定的规律。虽然孩子还不懂“对称度”“叶序排列”这样的科学名词，但他们能观察到这些规律的表象，仔细程度实在让很多大人汗颜。这种观察是孩子不自觉“学”的一个过程。

诸葛亮在《诫子书》中说："学"是十分重要的一件事。如果学好了，就可以研精（励精）、可以理性（治性）。《诫子书》中相关的原文是这样的："夫君子之行，静以修身，俭以养德。非淡泊无以明志，非宁静无以致远。夫学须静也，才须学也。非学无以广才，非志无以成学。淫慢则不能励精，险躁则不能治性。"

《诫子书》中所说的，便是家庭教育的重点之一。每一个人只有先让自我完善，才能促使整个社会国家完善。相比较而言，我们的教育是由内而外的，先把子女的心性调整好，于己于社会都好；西方的教育是由外而内的，比如宗教制定界限，在这个范围内，大家在不越界的情况下变好。

孩子该如何去学呢？用观察去了解，用智能去领会，用操作去体验。学的先决条件是问，如果一个人对事物没有好奇心，不会去提问，那么就没有需要学的动机。好奇心是人类的天性，也是我们前进的促因。

孔子入太庙，"每事问"，既是尊重，也是确认，更是学习。他说："三人行，必有我师。"就是随时随地观察，看到任何人的作为，也看到后果，都是自己行为准则的修正参考。这些就是先起于好奇，然后有疑问，接着学习的过程。

所以，父母对子女的教育，当以启发为主，帮助子女对人、对事、对物产生兴趣，产生疑问，然后一起找答案。

有的子女天生比较安静，就要用问题来启发他们，激发其学习欲望。最好是父母先不要给答案，由子女或是全家一起找答案，然后讨论确定，这样子女有参与感，对确定的答案有自我满足感。这个过程的重要性不是他人要他相信什么，而是他自己确定了什么。

更重要的一点是要让子女自己做决定。如果父母懂得放手，让子女自己做决定，对其决定不掺杂意见，子女从小事开始，就自己负责，学习承担每一个决定的后果，然后学习到如何修正自己的想法，最后可能会学到唯有利人，才能利己；唯有我为人人，才会人人为我。就如同父母对子女的爱，不是为得到而付出，都是因为付出而得到。

父母对人性越了解，越能帮助子女。鼓励与陪伴，加上守护，尽量不要用观念来限制子女的发展，因为观念都是有时地性的，因人成长环境而异。尽量培养子女积极正面发展的态度，譬如乐观、积极、有纪律、负责、有为有守等。

我的子女在少年时，我曾告诉过他们：作为父亲的我并不想教他们什么观念，因为他们有自己去学的权利。我只想告诉他们三个概念，就是这一生，成为一个有信用的人，成为一个靠得住的人，最后保持一个永远包容理解的心态。当然，他们现在不一定记得我的话，但是我能看到他们做到了。

如果是学一个技能性的行为，不仅要强调“教”，也要强调“习”。教，是解说加上示范，让人可以模仿；习，是重复加上纠正，让人可以娴熟。在生活技巧的传授上，父母必须教，子女必须练习。所谓熟能生巧，就是如此。

楚国卖油老者对养由基射箭的评价，就与扬雄对作赋的说法相似。扬子云说：“能读千赋则善赋。”有一句谚语云：“习伏众神，巧者不过习者之门。”说的都是想要技术娴熟，反复不断练习是诀窍。今天我们很多方面的专家，就是这样“炼”成的。

在孩子的成长过程中，父母可以带着他们多出去走走，让孩子开阔眼界。有些小孩子经常在家待着，父母偶尔带他出去玩儿时，就会发现小孩子总是四处张望，因为他们对大人司空见惯的东西都非常好奇，就像眼睛不够用似的。父母也可以多带孩子去美术馆之类的地方，培养孩子对美的观察和享受。在美术馆的作品中，那些各式各样的颜色和形状都对孩子的感受力起到锻炼作用；也可以带孩子去模型馆，开阔孩子的眼界，培养孩子的动手能力。当然，如果父母在孩子面前总表现出对什么都不感兴趣，孩子对美的感受也不会做到位。毕竟在家教中，榜样效应是最重要的。

父母在培养孩子的过程中，能用到的最好的办法，是导不是教。老子说上善若水，如果父母都能效法大禹治水，因势利导，让子女能够具备更强的自学能力，岂不是很好的一件事情！

南怀瑾语录：带人

在个人修养中，一个领导人宁可有困难时自己先来，有劳苦的事自己先做，绝不能自己坐着享受，有困难都让别人去。这样永远带不好人，尤其带部队，打起仗来，就看得更明显。

自觉圣智，完成人格

父母是因为有子女才开始学做父母，子女是因为有父母才开始学做子女的，这是一个几乎同时的过程。就像我们要学一件新鲜事物，从时间方面来看，父母和子女的起点是一样的，都应该是一次新的学习。

假如一位老师把班上的每一位学生都看作是拥有相同资质、相同能力的人，那么这样的老师绝对不会是一位好老师。孔子说，要因材施教，应该很少有人去思考什么是因材施教的先决条件。

因材施教的先决条件，就是做老师的必须具有识别人性的本领，而不只是懂得专业知识。一个会教的人，必定是一个拥有快速识别人性能力的人，也就是我们一般说的有识人之明的人。

只有在了解不同人的个性、认知水平、学习能力及其他自身素质和能力以后，老师才能够有针对性地选择适合启发这个人的方式方法，发挥其长处，弥补其不足，树立其信心。当然，这种识人的本领，会因为经验而不断提升、不断修正，逐渐臻于完善。

作为父母，我们已经做过小孩，应该具备懂得如何让子女做好子女的素养。理论上，父母虽然没有带过孩子，可是做过孩子，这份人生经验应该让其知道如何去做父母。可实际上，大多数人都没有准备好。原因在于，我们对子女的养育掺杂了太多的个人感情和情绪。

第一个孩子出生的时候，父母其实与子女是同一天报到入学、开始学习成长的。父母与子女的差异是，前者应该更懂得人性，因为父母已经有过相对于子女，比较长期作为一个“人”的经验，应该是比较懂得如何来启发子女的。

但实际的情形是，父母紧张，想不起来作为孩子时需要父母怎样对待自己；恐惧，担心自己作为父母经验空白，因无知会把子女的前途破坏了；期盼，认为这是可以让一个生命重新来过的机会……无数的心理因素让大多数的父母迷茫了。于是，新手父母最后多半选择向自己的父母求援，把父母的经验拿来作为自己的经验，让孩子重复我们的成长。

也有一些父母会向社会求援，为了满足这些需求，社会就产生一批所谓的“专家”，用各种理念来指导新手父母。这些理念多半也成不了什么气候，因为这些“专家”的经验一般都是自己在养育孩子过程中遇到的问题的经验总结，具有极大的个体差异性，最多是满足了一小部分社会需求，为一小部分父母提供一些心理安慰罢了。

我们也常常听到有人说：“老大照书养，老二照猪养。”因为没有信心，第一次生养孩子就只好参照别人的经验来做，但是有了经验以后，对再次发生的事就能轻松面对了。当我们有了第二个孩子，也能成为“专家”了。

子女的需求其实很简单。在生理上，父母为孩子提供基本的物质保障，满足孩子成长的必要需求；在心理上，父母只要让自己回到孩提时，想想自己在孩子这个年龄时，需要父母为我们提供什么支持与帮助，给予多少陪伴，就好了；在学习上，父母只要提供给孩子选择的机会，让他们自己去经历、去选择，就可以了。

这就是古人说的“儿孙自有儿孙福，莫把儿孙做马牛”。马和牛是由我们支配着来行事的，子女的生命应该由他们自己支配。我们只是子女的助缘，只有子女自身才是他们生命的主缘。

爱因斯坦小时候，父亲给他一个指南针，这个新奇的东西启发他对周遭一切事物的好奇，这个好奇引发他对其他事物的思考。最后，爱因斯坦打破了牛顿的许多定律。对于子女的成长，父母最主要的功课是成为子女行为的标杆；次重要的功课是为子女提供接触新事物的机会，让子女有机会看、摸、听、闻、尝，从而增加经验，学习各种不同事物的知识；这样，子女才会像爱因斯坦一样产生疑问、好奇心，然后会去找答案。

还有重要的一点，父母要让子女参与社会，不要让他们与社会隔绝。许多父母过分地保护子女，出门有车接送，吃饭挑三拣四、追求精美，杜绝孩子了解社会的黑暗面，这样孩子会丧失许多对于人事经验判断的能力。父母应该做的，是带着子女一起去了解、去体验。徒步、坐公交车，参加公益活动，体验贫苦生活，让子女有责任感、同情心，能够以同理心来应对未来事务。不要让个人生活的局限性限制了子女对人生的理解，也限制了个人的发展格局。

成长是我们生命的天性，曹孟德曾经说：自己到老还能够不断学习，认为当时的世间只有他和袁遗可以做到老而能学。所谓“活到老学到老”，每天看似相同，其实都是全新的二十四小时。父母应该了解与子女同时成长的珍贵机会，不要老是担心子女没有进步，另外也要回头审查自己，看看自己有没有进步。只有当我们的眼光格局进步了，我们才具有看到子女进步的能力。所以，小家庭要培养出“大家”，家长先要扩大自己的格局。在教育孩子的过程中，父母也在学习；孩子的成长对父母的成长有着很大的帮助。

格局大就是承担更多的责任，承受更大的压力，有更强烈的意愿去为大众服务。格局小就是只能看到自己，什么事情只看到自己的好，没有为大家、社会的好而出力。

只有当父母停止无谓的担心，子女才能够有空间发展；只有父母可以去信任子女，子女才可能成为有责任心的人。

南怀瑾语录：求全之毁

批评别人容易，而且都拿圣贤的标准来批评人家。人是爱批评他人的，这个菩萨好不好？好呀，就是衣服塑得不对，这是“求全之毁”。

以身作则，言行合一

“教”这个行为，其主要目的是能起到让人产生模仿的愿望与行动。唯有能够激发他人学习的愿望与行为，才是有效的教学，否则只是口舌体力的浪费。

为了能够让子女有兴趣模仿，家教主要靠两个方式、一个方法。

两个方式是指身教和言教。身教是指行动上以身作则，用行动起模范作用，让他人模仿、学习某种行为。在学校最常见的身教，就是老师做示范，然后学生跟着做。制作一个作品、练习一段拳术、分享一种体验，这些都是身教。

身教不单是一种技能、技术的传达，还要和他人产生互动，更要表达一个意念。用身体操作表达个人的心念，所表现出来的身教，就是以个人行为来教。

父母能够影响子女的最有效的方式，就是身体力行。子女不喜欢做父母命令去做的事，更不喜欢去做父母自己都做不到的事。子女最喜欢做的，是父母能做的、会做的，在父母的陪同下才会做得更好。

如果想让孩子喜欢运动，最好和孩子一起做相关运动；如果想要孩子喜欢读书，最好和孩子一起逛书店、阅读；如果想要孩子学会乐器，最好和孩子一起听音乐；如果想要孩子关心社会，最好和孩子一起行善助人；如果想要孩子成为科研人员，就要常常和孩子一起参观科技馆、博物馆等，培养科学爱好……

当然，由于父母成长环境的限制，不能够让他们具备所有期待子女掌握的才能，所以父母又必须依靠言教来开启子女向往学习的意愿。所有的身教，基本上都伴随着言教。读书就是言教的一部分，不是只由父母来表达自己的意见，而是让子女自己来发掘问题。读书就相当于借鉴别人的经验，往往书读多了，就能够知道父母说的是大多数人认可的；这样一来，子女对父母的说教就更容易接受了。

我最幸运的是从小活在书堆里，家里随手都可以翻到书，父亲也非常鼓励我看书，小时候看漫画书、儿童书，后来识字多了，更爱看历史故事书、诗词文学书。我们尊敬字纸，只要是印刷出来的，都会看一眼。文天祥正气歌里说："哲人日以远，典刑在夙昔。"我们读书就是与古人对话，那是多么令人高兴的事啊！

胡适曾经说过："为学要如金字塔，要能广大要能高。"父母如果能给孩子一个能时常接触知识的环境，这样子女自然会对读书这件事产生兴趣。读书不是为了拿一个文凭，读书是为了知识的积淀。如今的社会，如果能发挥个人的最大潜能，就是成功。多数的教育是训练下一代如何进入社会找工作；优势的教育是，培养子女成为创造工作的人或是能发挥最大自我潜能的人。

个人的潜能，可以在艺术、体育运动、制造、旅游业、美容、广告业等无数领域得到发挥，而不应局限于固有的观念。父母都希望孩子出类拔萃、与众不同，只是没有搞清楚，所谓的出类拔萃，就是要打破固有的观念；所谓的与众不同，就是要能耐得住孤独。当年，林则徐以"山登绝顶我为峰"来对老师"海到无边天做岸"的上联，就能显现他与众不同的气魄。

个人的潜能最容易在没有约束的环境里，因为有适当的、适时的鼓励而爆发，父母应该学习如何去掌握教导的时机。孔子讲过："不愤不启，不悱不发。""教"是要看时机的，要在学生对问题已经经过非常努力的思考却得不到解答，在情绪上过不去了的时候，做启发和回答。也就是，不需要随便给他人意见，要在其真正渴求的时候再给意见，这样给的意见才有被接受的可能。

但在家教过程中，父母适当地、适时地纠正错误，也是绝对必要的。有一个"周处除三害"的历史典故，讲的是周处丧父，母亲对他过于溺爱，但他武艺高强，年少时任性使气，横行乡里，被乡民与南山猛虎、西氿蛟龙合称为阳羡城"三害"。周处知道后，斩杀猛虎、孽蛟，自己也改邪归正，并拜师学文练武，终于才兼文武。这样一来，城内"三害"皆除。大家都认可了周处的改过行为。

如果深入思考一下，就可以看到，周处本来就不是一个坏人，他只是从来不知道他做的事是被人唾弃的。因为他的出身不差，家族也受地方尊重，再加上恃强暴躁，所以无论他有什么过分的行为，乡亲父老都隐忍不敢说。这样的忍耐，纵容了他的不良行为。直到有人告诉周处，他的行为是不可被众人接受的时候，他才恍然大悟。他改变了自己，也成就了自己。

通过这个故事，每一位家长要注意，子女的行为必须费心去了解。当子女的私心过重，行为举止侵害到别人，甚至是社会时，父母要及时劝导纠错，避免他们因个人的偏颇，导致于己于他人不利的后果。

父亲曾说过一句佛语："慈悲生祸害，方便出下流。"如果不好好利用慈悲，就可能生出祸害来；如果处处与人方便，就可能导致太随便，制造很多麻烦。不是不要慈悲，是要做负责任的慈悲；不是不要方便他人，是方便而不随便。

比如，不指出他人的错误，对他人的任何行为都接受、包容，这是好吗？无原则的包容，会影响到一个人，让他不知好歹，成为一个对社会有不良影响的人。不是做人不需要慈悲，而是有的时候纠正别人的错误也是慈悲。父母对子女要纠正，这很重要。如何纠正才是正确的方式？这是我们需要学习的。

最高境界的行善行为是，让他人感觉不到我在行善，不让他人随便产生一种依赖心，这能够让对方感觉到有尊严。这是很重要的。

成功的家教，唯一方法就是“以身作则，言行合一”。光说不练，是没有任何效果的。

“说”这个字非常有趣。它是“言”字边，加一个“兑现”的“兑”字。我们常常听人讲：“不要听他怎么说，要看他怎么做。”因为“说”是要能兑现的，说到的就要能做到。如何能够让家教发挥作用，就是要言行合一。子女只有在父母的言教与行为相符合的时候，才不会有疑义，才会学习到应该学习的行为。

我一直强调，子女不是父母的负担与问题，子女是父母的缘分；做父母的才是子女的负担与问题。父母常常把自己的想法强加在子女身上，用不耐烦让子女快一点儿长大；觉得子女笨，怎么什么也不懂，对子女严厉，打骂子女，都是为了子女好……这些都是从“我”的观点出发，所以常常是父母成了子女的负担与问题。

父母是子女的负担和问题，但家教是一家人的责任，不是父母或是子女单方面的责任。因此，家风家教的传承，需要双方共同努力来完成。

南怀瑾语录：小聪明

全世界到处都是“好行小慧”，盛行使用小聪明……现在的一般青年，进入社会之后，慢慢地就染上这个习性。

◎ 1980年，在台北松山机场餐厅，南一鹏与父亲南怀瑾及送行长辈合影。从右至左，孙毓琴、南一鹏、父亲南怀瑾、闫修篆。

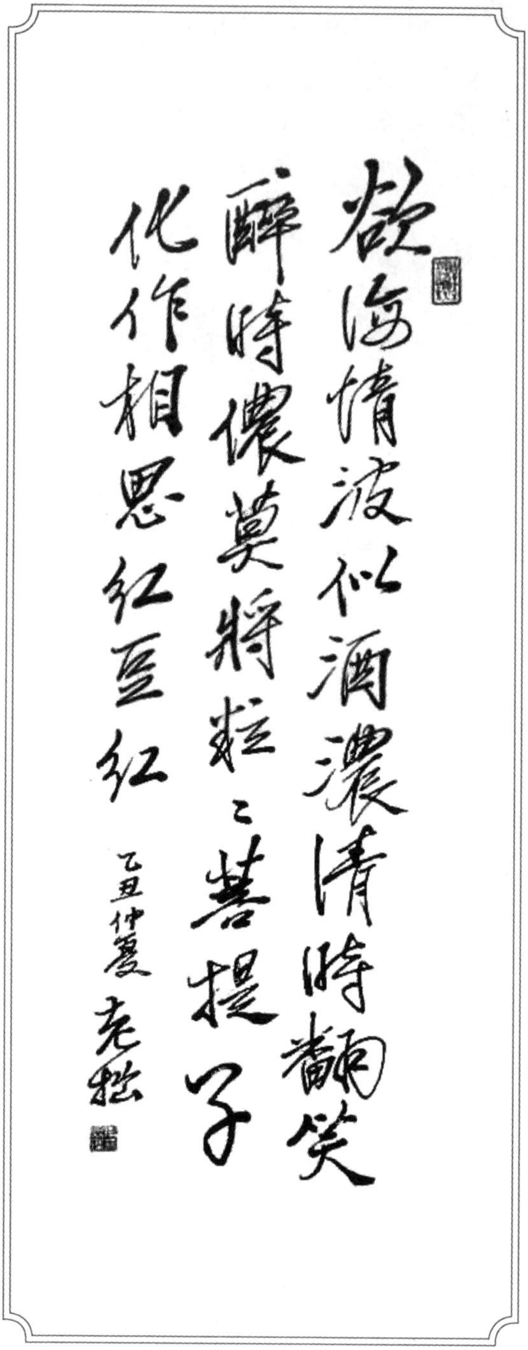

欲海情波似酒濃情時翻笑
醉時儂莫將粒粒菩提子
化作相思红豆红
乙丑仲夏
克耘

第五章

以古人之规矩，开自家之生面

从小讲规矩、守小节

中国自古便有“无规矩不成方圆”之说。在这句话中，规便是方圆；而在现实中，规则是运行、运作规律所遵循的法则，是代表大部分群体利益的。《吕氏春秋》云：“欲知平直，则必准绳；欲知方圆，则必规矩。”

《孟子·离娄上》中有记载：“离娄之明，公输子之巧，不以规矩，不能成方圆；师旷之聪，不以六律，不能正五音；尧舜之道，不以仁政，不能平治天下。”

其意为，即便你有离娄那样好的视力，公输子那样好的技巧，可如果没有圆规和曲尺，也是不能把方形和圆形准确地画出来的；即便你有师旷那样好的审音力，如果不用六律，也不能把五音进行精准的校对；即便你有尧舜的能力，如果不实施仁政，也无法把天下治理好。

《诗经》也说：“不愆不忘，率由旧章。”意思是，从来不做胆大妄为的事情，凡事都遵循祖制规章。

《元史》中有关于许衡的记载。宋末元初，天下混乱。一日，学者许衡外出，天气十分炎热，行人都觉得口渴难耐，恰好路边有棵梨树，于是路人纷纷摘梨止渴，只有许衡不为所动。

路人问：“你怎么不去摘梨吃呢？”

许衡说道：“不是自己的梨，岂能乱摘？”

路人纷纷笑他迂腐：世道如此混乱不堪，谁还有心思管梨是谁的呢？不过是无主之物罢了。但许衡却说：“梨虽无主，但我心有主。”

这便是有规矩的表现。

规矩，也是家风、家教中重要的一课。

孟子认为，如果没有规矩，那身处上位者便没有了道德规范，身处下位者便没有法规制度；如果朝廷不讲道义，工匠不讲尺度，官吏不讲义理，百姓不讲法律，如此规矩有失，国家就离灭亡不远了。

《诗经》说：“天之方蹶，无然泄泄。”多嘴多言就是拖沓啰唆。如果为人不讲忠义，行为不知进退，不讲礼仪规矩，甚至出言诋毁圣贤，这便是拖沓啰唆。

而关于规矩方面，父亲教我最重要的一点便是入乡问俗、敦亲睦邻。我们每隔数年搬家一次，每次搬好以后，父亲都会带着我到左邻右舍敲个门，自我介绍一下，同时了解我们邻居的一些基本情况。这种远亲不如近邻的做法，让我一生受用。无论到哪儿，我总是能够主动与邻居互动，融入邻里。对于邻里间的活动，我也愿意积极参与，维护乡梓权益。后来，在国外参选地方议员，也多得益于父亲所教的规矩。这样主动伸出友谊之手、与人为善的习惯，让我在国内、国外都有得道者多助的感觉。

从初中开始，父亲每周给我固定的零用钱，让我学会支配金钱，同时自己理财。其实，不论是学习、生活、前途、财务、交友，这些成长所遇，我父亲都是让我自己做主的。对于我的决定，他几乎都是支持和陪伴，以我自己直接经历的方式，让我学习承担后果。

虽然我幼年成长时可以随时听到父亲讲课说法，但是父亲并没有强制要求我接受任何的观念；我个人也非常具有怀疑精神和挑战精神，所以都会审思我所听到的。所谓不拘一格，大致如此。唯有自己思考过以后的接受或是拒绝，才是有可能创新的。

我分享这些小小的往事，是希望透过我的经历，让大家有一个可以用来探讨的例子。这或许不是一个特例，许多家庭都已经在这样做了，但如果父母能够灵活运用这样的方式，应该可以让子女过得轻松点儿，让他们不只会孤立地读书，而是有机会学到怎么做人。

待人接物，就是与人交往，懂得与不同的人做适当的互动；遇到事情，可以主动而且有能力去完成。我们看一个人的家教，就是看这个人和长辈相处是不是有礼貌，是不是能照顾长辈；看他与家中平辈交往，是不是能够和谐、互相尊重；遇到小辈是不是能够作为榜样，亲切关照。这不但是社会大众的一种公评，也是子女选择朋友的标准。

从一个人的行为是不是有约束力，生活习惯是不是干净整洁，就可以判断这个人是否有责任感，这个人说的话可不可以信赖。

如果一个人不懂得家务，他就缺乏独立的条件，个性上也必然会有习惯依赖的倾向。昔时贤文里有“在家不会迎宾客，出门方知少主人”的句子，就是告诉我们，如果没有接待应对别人的能力，到社会上也得不到别人的关注，如此一来，成就自然就有限了。

由此可见，规矩对孩子的成长是多么重要！

南怀瑾语录：小富由勤，大富由命

“小富由勤，大富由命。”发小财、能节省、勤劳、肯去做，没有不富的；既懒惰，又不节省，永远富不了。大富大到什么程度很难说，但大富的确由命。

憂患千千結，慈悲片片雲。空王觀自在，相對不眠人。

南懷瑾

规矩在左，仁爱在右

在教育子女的过程中，规矩固然是重要的。但如果只讲规矩，不讲仁爱，子女便会心生怨怼，于其成长也极为不利；如若一味宠溺，不讲规矩，子女也将成为社会的毒瘤，最终害人害己。因此，良好的家风应当是“规矩在左，仁爱在右”，缺一不可。

彼时，父亲因对佛学深有造诣，而在大陆的名气直线攀升。有些出版社见有利可图，就挖空心思利用“南怀瑾”这个名号，胡乱编写，出版赚钱。

互联网流行以后，更是有许多肆无忌惮的人，将父亲的名字视为摇钱树，擅加使用。今日中国文化的衰败，问题就出现在这些人身上。当然，更遗憾的是，还有人觉得这样是推广，不是坏事，反而将其视为捷径。这种不思进取、只求方便的错误观念，让整个社会充满浮躁之气。

我们到国外，看到其他国家比我们国家先进的地方，便反过来批判自己的国家，但是我们却永远不会先从批评自己的行为开始。

大多数人只会指责别人、指责社会、指责政府，却永远不会从自己开始改变。一个不会节制自我、尊重他人的个体，就是社会的癌细胞。对这些无礼无义的人，我们应该拒绝接触，加以谴责并断其来源，就像去除癌细胞一样。

父亲虽有听闻，但对这种事情早已司空见惯，也不愿为此诉诸法律，浪费宝贵的时间和精力。父亲此时“著作等身还天地”。作品在大陆大量发行，但他并没有洋洋自得，不可一世。他认为自己的著作是取诸天地还诸天地，从不计较个人利害得失。

他继续奉行自己先前立下的规矩：不做促销广告，不请名人写序，不登个人照片，不追究盗版，不把自己的著作权留给后代。

这是父亲对自己的规矩，对他们而言却是网开一面的规矩。父亲总把自己框在规矩里，却对世人充满仁爱之心，这一点也感染到了他身边的许多人。

广树诚，毕业于台湾大学法律系，并获美国哈佛大学国际法和中亚研究硕士学位。1981 年春后，他得到了《静坐修道与长生不老》一书。在阅读过后，他被书中简明扼要、平易近人的行文风格所吸引，对该书的作者也逐渐产生了兴趣。他对此书赞不绝口，曾说，这本书说清楚、讲明白了一般外行人难以了解的古文化中的大道理。

当时，他并不认识父亲，之前也从未接触过父亲的著作。读过《静坐修道与长生不老》之后，为了了解父亲的其他著作，广树诚就拨通了老古出版社的电话。据他说，当时他并不知道接电话的就是父亲，只知道是位老先生接的。在电话里，老先生亲切地以江浙口音的普通话告知学院还开有佛学课程。也正是这一通电话，让他踏上了跟从父亲学习的旅途。

学院的禅学班开课之后，广树诚每次都来听课。父亲讲课诙谐幽默，广树诚听到诙谐之处，都会情不自禁地开怀大笑。这个举动，有时部分同学会暗暗担心，常常提醒广树诚，小心父亲会嫌他唐突冒失。广树诚听到同学的劝告，也暗自担心。

直到有一天上课前，广树诚来到办公室，准备向父亲请教，正好碰见父亲和朋友、工作人员在等着吃晚餐。见到广树诚，父亲热情地招呼他一起用餐。在与父亲边吃边交谈中，广树诚才知道，其实父亲并不介意他在课堂上大笑，反而觉得正是因为他有所体悟，而且洒脱自在，才能无拘无束。听到父亲这样说，广树诚心里的一块石头总算落了地。

父亲对广树诚等人仁爱有加，这也是他备受众人崇敬的原因。父亲正是秉承规矩和仁爱缺一不可的原则，时时讲求规矩，却又时时与人为善。

他曾在带家人看电影时抓到小偷，又因小偷悔过就放他一马；曾在穷困时，好不容易有人送来半袋米，却因听说附近另有一家人悲惨至极，就马上送出去了。父亲在生活中慈悲行善的故事，母亲经常说给我们听，这些也都深深地影响了我们。

父亲不仅与人为善，对待子女也是严中有慈，在规矩中有“不规矩”。我记得父亲经常带我去喝咖啡，还会带我们去附近的明星戏院、宝宫戏院看电影，多是神话片、爱情片、教育片之类。

随着家中生活逐渐改善，父亲渐渐有时间陪我们这些孩子玩儿，有时也会和我们打闹在一处。父亲从小习武，身手很是敏捷。在我很小的时候，有一次父亲打猴拳抓我们这些小孩子玩儿，吓得我们像群小猴子似的到处躲。家里地方小，我们又跑不快，只能躲在桌子下或者床底。父亲打着猴拳，也是上蹿下跳、时高时低。我们才躲在桌子底下，他的脸突然就出现了，把我们吓了一大跳，却也真是好玩儿。

在我的记忆里，父亲只有这一次陪着我们一起疯玩儿，虽只有一次，却足以让我铭记一生。在家风家教的传承中，规矩在左，仁爱在右，缺了哪个都不可。

南怀瑾语录：每天自省

自己每天要随时检查自己，看看心理行为中，烦恼罪恶的状态解除了多少，检查今天善行做了多少，就像古代儒家有功过格，用红黑豆来标记，以检查自己的心理行为。

行尊重之事，做自信之人

尊重他人要体现在平等和发扬个性的基础上，也就是说，与人交往时要尊重他人的人格和价值，要尊重他人的个性。尊重是父母教孩子做人做事的内容之一。

有一部分孩子，在家里不尊重父母长辈，在外面不尊重他人。住在同一个宿舍，却对室友进行欺凌；即便在朋友家里，也不懂规矩，以下犯上，缺乏起码的尊重。

为什么尊重与规矩在这些孩子的心中如此脆弱？这需要追溯到孩子的父母身上，需要追溯到孩子所受的家庭教育上。孩子与父母的关系，其实是孩子最先面临的社会关系。这种关系，是孩子今后与他人接触交往时所采取态度的重要基础。

现在大部分家庭都是一个孩子，这也让孩子成为家里关爱的全部。每当孩子与父母发生冲突时，父母都会选择放弃自己的“尊严”，给孩子让路；尤其是家里有老人的，就更容易让孩子轻而易举地获得人际交往中的第一场“胜利”，这也害了孩子。

日积月累，孩子就会认为一切都应该按照他的意志行事，他就会不顾及别人的感受和想法。当习惯成自然后，他们就会把唯我独尊、目中无人的霸道作风带到与他人的交往中去。这样孩子不懂得尊重人，更谈不上如何尊重人。

这种危害其实是很明显的。孩子不但会伤害到他人的自尊、自信，也会让自己的尊严受到伤害。长此以往，孩子在社会就没办法立足，最后碌碌终生，一事无成。

尊重他人，包含的内容相当广泛，是家风家教中极为重要的一点，也是人应该具备的一种基本素质。只有全面尊重自己周围的人和物，才能赢得周围人的尊重。

那么，作为父母，当如何帮助孩子奠定人生必备素质的基础呢?

首先，父母要成为孩子的榜样。野蛮产生野蛮，仁爱产生仁爱。父母在孩子面前的处世态度，对孩子的影响十分重大。如果父母平日就知道尊重别人，为别人着想，那孩子看在眼里，耳濡目染，自然就会学习。

其次，父母要让孩子尊重别人，首先要赢得孩子的尊重。如果孩子正在学习，父母却在玩儿麻将或大声喧哗，那也会对孩子产生不好的影响。过分溺爱孩子，过分猜疑孩子，过分轻视其他孩子的家长，都不会赢得孩子的尊重，也教不好孩子尊重他人。从某种角度来说，只有从小就被他人尊重，孩子将来才有可能获得自尊，才能学会尊重他人。

再次，要想帮助孩子学会尊重的全部内涵，就要教会他如何尊重他人的人格、身体和财物的所有权。父母需要教会孩子如何关心他人，并让孩子懂得为什么自己要这样做。要让孩子知道，自己有哪些行为是错误的，并且要让孩子学会控制自己的行为。

最后，家长可以让孩子设身处地去想一想，如果自己是不被尊重的对象，自己又会有何感受。

做到以上几点，孩子便会在自尊自爱、爱己爱人的情况下成长。我家的教育亦是如此。小时候，我跟父亲一样，身体都比较羸弱，父亲也同祖父一般，虽然有着极好的功夫，但秉承易子而教的传统，没有亲自教我武术，而是请了一位拳师教我学拳。

说来很有意思，这位拳师是父亲坐三轮车时认识的。那时台北到处都是三轮车，有一次父亲坐三轮车的时候，看这个师傅黑黝黝的，长着一脸麻子，个子不高却孔武有力，于是便同他攀谈起来。从谈话中得知，师傅姓孙，山东人，也练过拳。

父亲十分高兴，便请这位孙师傅来教我们拳术。那时我们住在蓬莱新村，那里正好有个小广场，适合孩子们活动，孙老师便在那里教我们一些拳法的基本功。印象中，我和孙老师学了一套长拳，还有一套齐眉棍。不过，我那时年纪尚幼，仍是孩子的玩闹心性，拳打得不知所以然，棍子也舞得飘飘忽忽。不过父亲对孙老师的关心和尊重却让我感触极深。

台湾夏天经常会有台风天。有一次正赶上台风来临，雨下得很大，我们那一带水已经没过膝盖了，不仅停水停电，甚至连吃的都买不到。那天晚上父亲领着我，拿了些东西，特地涉水去探望孙老师，因为他住的地方比我们那儿更容易淹水。

当时我只有五六岁，但这件事我现在依然记忆犹新。由于这个经历，我对中国武术也一直有很深的感情，高中时还加入学校的中国武术社。直到今天，只要看到拳术高明的人，我都会赞赏不已。

任何人都有尊严，任何人都渴望得到尊重。父母教会孩子如何维护他人的尊严，如此，便是教会孩子怎样融入社会，怎样学会生存。

南怀瑾语录：立身

所谓立身，就是长大成人以后，在世间做怎样的人，站在一个什么立场上，建立一个什么样的人格。所谓出处，等于走出大门，第一步跨出去的时候，就要好好选择方向，往什么地方走，怎样走。

1962年，泰顺街蓬莱新村住宅外，父亲南怀瑾与子女及学生合影。
前排从右至左，王凤峤、南一鹏、父亲、母亲、南国熙、汤珊先、南可孟；后排从右至左，夏荆山、陈芳男、朱文光、王绍璠、杭纪东。

多点规矩律己，留有余地待人

《晋书·张载传》中有“今士循常习故，规行矩步”，指的是走路的时候要有规矩，但也扩展到在说话和行动的时候要严谨，严格按规矩办事。

北齐颜之推在《颜氏家训·序致篇》中也记载：“每从两兄，晓夕温清，规行矩步，安辞定色。”由此可见，自古以来，中国文化就非常重视规矩。

正如“国不可一日无法，家不可一日无规，人不可一日无纪”，教育孩子，让其学会讲规矩很重要。我从小就受父亲教诲，对长辈称呼需要恭谨，也要恭敬。

我很小就听过佛法大师袁焕仙袁太老师的故事。袁太老师的弟子众多，却对父亲最为器重。现在，父亲的学生们，提起袁焕仙先生的名字，也都很恭敬地称呼他为“袁太老师”。下面一段文字，题目叫《示南怀瑾》，由袁太老师口授，父亲笔录：

> 在山数十日，切见诸禅德巍然自拔，有独立振衣之概，老人至喜也。摄其众向道，导其徒回车，风其侪化行方国者，实为怀瑾。而怀瑾律己过严，责人如己，老人至虑也。律己严，可也；责人如己，不可也。何也？

律己严，过必远；责人严，众必减。众果减矣，汝纵口如河沛法若雨，其谁辅汝绍隆玄化而导行天下？古人所以有遇风而息之惧也。谚曰：不痴不聋，不可作翁。班子曰：水太清则无大鱼，圆悟勤又尝以示大慧杲者也。统此故，纸怀瑾阅卷自悉，无庸老人重拈。今社会非古也，朋友可借援而不可期以辅汝绍隆玄化，古有之普化克符吾宗家范，今恐无。必以无而现诸有，于内则多咎，于外必多尤，咎尤交倾，进程必碍，先哲所谓欲速则不达者也。余意然千圣之心灯，续四生之慧命，不必外期友朋，要在自育一期超士。所以孔子道行，内有颜、闵、曾、仲，不假外交伯玉、原让。怀瑾此后念头当改，不然，徒滋烦忧耳。

从这段文字可以看出，袁太老师认为父亲“禅德巍然自拔，有独立振衣之概”，确实出类拔萃；另一方面，他也指出父亲身上有缺点——“律己过严，责人如己”，这是他最担心的——“老人至虑也”。同时还告诉他，“水至清则无鱼”。

袁太老师这么坦率、这么严肃地指出父亲性格上的弱点，在父亲的一生中，恐怕是第一次，也是唯一的一次。

“律己过严”，父亲的这个“毛病”一辈子也没有改掉，他始终对自己的一言一行一丝不苟；但“责人如己”的确是彻底改变了。

如袁太老师指出的，父亲早年的确是一个十分严厉的人，很多人都说他以前脾气很大，常常把对自己的苛刻态度延续到他人，于是总给他人留下一个严厉的印象。

小时候，我也会觉得，何苦要去得罪别人呢！现在才了解到父亲的良苦用心。所谓禅宗的临济喝、赵州茶、德山棒，皆是功德；雷霆雨露，皆是慈悲。这就得看听者有意无意，能不能懂。严厉的手法也必须用在合适的对象上，往往才气高、不服气、挨骂又不会离开的，就适合；好颜面、脾气暴、没有心量的，就不适合了。

严师出高徒，徒弟本身必有高处，只待点拨成器，像袁太老师直指父亲的缺点那样。但倘若严厉的手法碰到一般才智的，就会得罪人了。父亲在后来对学生们是越来越因人而异，更多的是和颜悦色，也许在他看来平和接引更能发挥效果，强求因缘往往并不得法，所以还是客气点儿好。

处于青少年时期的孩子更当严格律己。现在的孩子都追求个性的发展，追求自由，一些孩子认为“多了约束便没了个性，一味地遵规守纪，一味地听老师的话，就像条可怜虫一样作茧自缚，最终只会抑郁而死”。因此，孩子打着“展现自我的风采，展现自我的才华，展现自我的见解”的旗号，对律己一说毫不在意。

当然，追求创新，从不一样的角度思考问题是件好事，倘若一个人安于现状、甘于平庸，就会画地为牢而不自知。如果一味循规蹈矩而不敢创新，那牛顿的经典力学和爱因斯坦的“相对论”就都不复存在了。新，是对未知做已知的假设，也能体会得出无时无刻的变化。《礼记·大学》有“苟日新，日日新，又日新”，意思是如果能够一天新，就应保持天天新，新了还要更新。能懂得世界没有一刻不在改变的人，就不会受思想的限制，就是有可能创新的人。

可是，追求创新与律己是两码事，不能把它们放在对立面。从社会角度来讲，制定规则、纪律正是为了维护所有人的利益，保证社会生活、工作等的正常进行，学校的规则亦是如此。如果学生想靠打破规矩或放纵自我来寻求所谓的“自由”，那就会影响到他人的利益，酿成大错。就像教育家马卡连柯说的，纪律能够创造群众的美。规则才是自由的最大保障，只有按照规定来做，才能拥有和谐的社会，自由的环境。

律己需要家庭教育和学校教育相辅相成。父亲没有把律己挂在嘴上要求我，但他用行动潜移默化地影响着我。父母在教育子女的过程中，严于律己很重要。这个“己”既是要求孩子自己严格要求自己，也是要求家长自己以身作则。

南怀瑾语录：事业心

一个人立身处世，要有一个立脚点。以现代的观念来说，一个年轻人，要先建立自己的人生观，知道自己要什么。年轻人一生没有事业，不是问题；一生有没有事业心，才是问题。

第六章

人人皆吾师，处处有学问

让孩子看到世界的本来面目

人生的道路曲折且漫长，子女一生中，总会被成功与失败、顺境与逆境、幸福与不幸等矛盾包围，其中大部分，都是父母无法改变的，如身体伤残、疾病痛苦、家庭离散、事业失败、生活潦倒等。但是，子女面对这些挫折时的心态，父母却可对其进行谆谆教诲。

子女面对挫折的时候，父母不应教他们消极或忍耐地回避，而应当告诫他们，直面挫折和困难，积极寻找克服挫折与困难的有效途径，教会他们抚平伤痕，继续向人生的目标奋斗。我父亲说过，一个人要“知其荣，守其辱”，要知道自己本来、平常的面目。

要知道，世界的本来面目不是恶的，也不是善的。这个世界上没有永远顺风顺水的人，也没有一直倒霉的人。古今中外一切杰出人物，在失败和不幸面前，无不选择了发奋图强这条路。因此，父母需教导子女，在成长过程中，要奋起与人生的逆境抗争，紧紧扼住命运的咽喉，做生活的强者。

那么，如何成为生活的强者呢？

首先，父母需要教导子女，树立一个正确的挫折观。世界上的一切事物都是相对的，挫折也一样。诚然，挫折会给人带去痛苦和打击，但它也能让人奋进、成熟。“自古雄才多磨难”，“天将降大任于斯人也，必先苦其心志，劳其筋骨，饿其体肤”。古今中外那些在政治、科学、文化等领域对人类做出了较大贡献的人，几乎都经历过挫折和失败。

其次，父母需要教导子女超越“自我”。遇到艰难困苦，是选择退缩，还是迎难而上？当然是迎难而上。父母要教导子女：事物、环境等本身在短期内是不会改变的，可以改变的是人的心态。战胜挫折的关键，首先在于战胜自我。

最后，父母需要教会子女调整目标。挫折总与目标连接在一起。挫折，无非是自己的行为受阻，造成内心的目标暂时没有实现。因此，当子女受到挫折后，父母需要提醒他们，衡量一下目标是否定得过高，是否符合主、客观条件。如果确实是目标不切实际造成了挫折，那就需要重新调整目标，让自己的既定目标能够符合实际水平。

遇到烦心的人和事时，只有调整好自己的心态，调整目标，克服挫折，继续前进，才有可能到达理想的彼岸。因为不管在什么时代，总存在着高明的骗术；若不是在心理上故弄玄虚，就是在道具上虚张声势。有时候，我们很难分清什么才是事情的本质。

小时候，我曾听父亲说起辰州符、祝由科等事，增长了不少见闻，也听过他的一些因探索而遇到骗局的故事。父亲在成都时，听说有一位会画符的道长，便兴致勃勃地跑去拜访。见了面，父亲就开门见山地请他展示一下符箓的效用。

这位道长没有推辞，只是让父亲必须到城北某个布店，买回上好黑布若干，尺寸齐备，他才好用来作法。

父亲一听，这个容易，就是准备材料嘛，当即表示一定照办。于是，他便到城北的指定布店，买足了作法的黑布带回来交差，以为终于可以一睹符箓作法的场面了。道长接过了布匹，也没有多言，约定了一个日期时间，准备一显神通。

到了日期，父亲兴冲冲地赶赴郊外两人约定好的作法之处，但见几根长竹旗杆将数面黑布四面高高挂起，道长足踏七星，香烟缭绕，口中念念有词，手中法器锵然作响。几番运作以后，他以笔画符，令其燃烧于空中，同时口中大喝：“急急如律令。”霎时间，四面所挂黑布尽皆烧起，空中好似有金笔龙蛇的字飞舞着，场面着实震撼。

许多参观者见状，马上就信以为真，对着道长参拜起来。看到这儿，父亲已然心知肚明，立即起身，头也不回地走了。

我们都追问为什么？父亲说，这样的骗术，也就是一般乡下人的玩意儿，那些黑布都经过泡制，在特定的地方用了糯米水或是其他物质浆过，平时看不出来，可是着火以后，这些浆过的字画就会显现片刻，达到骗人的效果。那位道长之所以指定布店购买，就是因为他们是同一个骗人的团伙。

社会上总有这样那样的骗术，它们总是随着人性而长存。即使到了改革开放以后，这类故事也时常是新闻头条。骗术之所以如此猖獗，其根本原因不是那些骗子的骗术有多高明，恰恰是人们喜欢受骗，喜欢相信有神迹，常常自欺欺人罢了。

父亲能够看清世界的本质，无非是对自己有信心，不会被眼前的浮云遮住双眼，这才是父母应当传授给子女的。

遇到挫折不要怕，有信心，坚持不懈，才能让子女在人生中走得更加顺畅。

南怀瑾语录：不麻烦别人

生时没有痛苦烦恼，快快乐乐，穷也穷得心安理得；
死时不拖累自己，不麻烦别人，这已是世上第一等人。

培养孩子注重自身形象

越小的孩子对自我的认知越有局限性，对自我形象也还没有太多的认识。从青春期开始，孩子对自我形象会有一个基本的认知过程，这就需要父母提前对孩子进行引导。这是一个衡量和评价自我的过程，需要孩子具备一定的优良品格，才能建立孩子青春期的自信。父母的言传身教尤为重要。

我父亲讲求为人师表，无论在学院，还是在家里；无论在课上，还是在课下；无论在一些细枝末节如洒扫应对、待人接物、坐卧行走等生活琐事上，还是在举办禅七、讲课授业等传道之事上，他都十分注重自己的言行举止，希望通过自己的言传身教，在潜移默化中影响学生的品德修养和为人处世。我作为在父亲身边时间最长的孩子，也受益匪浅。

父亲很守时，无论是在学院还是在协会上课，从不迟到早退。每日到办公室上班，他也总是第一个到。

无论什么时候，父亲都十分注重仪表礼貌。因此，不论是着中装还是西服，父亲绝对会穿着整齐。他无论做什么事，都能静心去做，完全抛开其他事的纷扰。父亲以前在台湾讲学时，在狭窄的课堂里，遇到酷暑的三伏天，彼时没有像今天这样的空调、电扇等制冷设备；而且听课的人又多，很拥挤，课堂里像蒸笼一样，十分闷热，但父亲丝毫不受影响。他站在讲台上，虽然身穿厚厚的西装，颈上系着领带，边写边讲，却一点儿汗珠都没有。而在讲堂下的学生们，虽然都穿着单薄的短衫，有的还时时拿扇子扇风，却仍然汗流浃背。这让他的学生们都感到很奇怪，为何父亲能达到如此境界呢?

有一次，王启宗向父亲请教："是不是所谓的心静自然凉的道理?"父亲回答道："如果一个人能做得了身心的主，遇到事情，该提起时就提得起（用），该放下时就放得下（空），这就是境界般若（物来则应，过去不留）。否则，平常头痛了不能叫它不痛，腰酸了不能叫它不酸。不但做不了身子的主，连自己的心念都管不住，岂不就是佛喟然说的'至可怜愍者也众生'！"接着他又说，"前些时我患重感冒，还不是照样给你们讲课。只要将病和我分开，把它空掉，自己超然物外，岂不就一切解决了！"原来，父亲是将热和自己分开，将热"空"掉了，便自然感觉不到热了。而这也体现出父亲对于仪容、仪表是十分注重的。

古典经籍，往往文辞考究，字字珠玑，义理晦涩，今人读来常常佶屈聱牙，难以理解。但父亲融会贯通儒、道、释三家来解释，深入浅出，条理井然，义理分明，使本来深奥的内容都变得浅显易懂。尤其是他那诙谐幽默的言辞，时时引起学生们会心的微笑，不管听众受教育程度如何，都能有所收获。

父亲讲课十分受欢迎，前往听讲者极为踊跃，男女老幼，三教九流，无所不包。其中有神父、牧师，有修女，有中外专家、学者、大学教授，有青年学子，更有贩夫走卒。他们的职业遍布各行各业。这些听众常常挤得讲堂水泄不通。来得稍微晚一点儿的人，已经没有地方站脚了，只好被安排在其他地方，通过听扩音器学习。这些人虽然只能"闻其声，不见其人"，却也乐在其中。

无论课上还是课下，父亲永远都笑容满面，从没有人见他皱眉头，或者有过不悦的神色。有时，他在处理极麻烦的事情，面上依旧平静安详，并不因事情的烦琐而感到焦躁或生气。对于任何事情，父亲都是云淡风轻的样子，以微笑面对。每逢新年元旦，就更见不着父亲有不高兴的样子了。父亲从早到晚，面不改色，总是保持微笑。或许是因为这是大家团拜的日子，父亲即使有烦恼，也不希望影响到他人。这时，便有人问父亲："老师，你为什么永远在微笑，而我们为什么学不会？"父亲回答说："如果你学不会笑，只好先学咧嘴！"大家都笑了，以为父亲是在开玩笑，父亲立即又说："是真的啊！你们回去对着镜子咧嘴！每天练习，多练习，日久就会了。"父亲就是这样，诙谐幽默又不失严肃。

父亲很爱干净，佛堂总被他擦拭得一尘不染。这也反映出他对三宝的极度恭敬。平常见到父亲时，他都是很慈祥地微笑着，对别人很宽容大度，但其实他对自己十分严谨。他一丝不苟，和光同尘，完全不显山不露水。父亲的举止展现了《易经》"退藏于密"的观念。这也是他严于律己、宽以待人的体现。

父亲的种种言行，就是他形象的展现。

古时候，一个人的形象气质如果与自身身份不符，是很丢颜面的事；现代人越来越讲究形象气质，比如演员或者老板，不惜请专业的形象设计师为自己进行设计，这既是职业要求，也是展现自我、追求品位生活的需要。有时候，形象甚至决定着一个人的成败，所以，父母从小要培养孩子注重自身形象，比如规范孩子坐、立、行的姿势，衣物的整洁性，穿衣的场合等。

南怀瑾语录：会用钱才是真本事

一个人赚了很多钱，留住那些钱一点儿都不用，又算什么！我的经济学是：会赚钱不是本事，会用钱才是真本事，而且钱要用得漂亮适当，才是真本事。

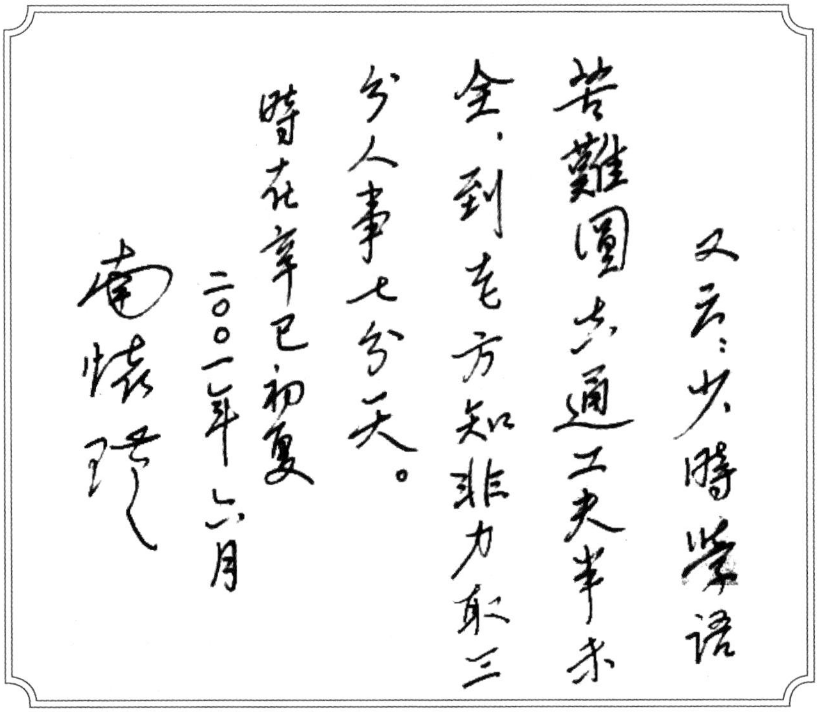

慈爱之心超万金

慈爱之心，应当是父母传授给孩子最重要的课程之一。起码在我看来，一颗慈爱悲悯之心，比万金之财都要重要。

父亲不增加会员会费，而且设立奖学金、救济金等资助清寒学子，赞助社会公益事业，给出家人零用……不仅如此，父亲常存民胞物与的情怀，素以天下父母为自己父母，以天下儿女为自己儿女。对贫寒的学生，譬如朱文光，父亲干脆要他长期在家吃饭。因此，我母亲很辛苦，那时没有钱雇保姆，全都要自己干活张罗。家里一天到晚聚集五湖四海的人，访客不断，母亲每天忙着烧开水招待客人。据说有一天，替来客泡茶就用了一斤茶叶，由此可见访客之多，母亲的辛劳。

母亲后来心向佛教，每天早上念《心经》，念佛号，念《大悲咒》。她在2011年离开我们的时候，也是清清楚楚、明明白白的，为我们树立了榜样。

即使在东西精华协会与十方丛林书院，父亲亦是如此博爱。会员、学员无论男女老少，无分出家与否，父亲皆视他们为同窗道友或兄弟姐妹。而整个协会和书院，俨然是一个和睦兴隆的大家庭，父亲便是大家所共同尊重的家长。

受到父亲的熏陶，在协会中，虽然各自职务有别，但大家也很少称呼职务与名字，而是以兄弟姐妹相称。譬如，大家叫朱文光为朱哥，称李淑君为李姐；像年长者的蔡秘书长，大家都以“蔡老”称之。在蔡老出国时，奉师命将业务交接给王启宗，于是九楼办公室里的年轻同事们便送了王启宗一个“九楼干爹”的绰号。

有一天，这些年轻顽皮的同事，竟然在父亲面前，把王启宗的绰号给抖了出来。听到这个绰号，父亲不但没有生气，还十分风趣地说：“做干爹可不容易啊！口袋里要多准备些红包才行咧！”在东西精华协会这个大家庭里，由于父亲的诙谐幽默，加之成员兄弟姐妹般的友爱，整日充满着快乐与欢笑！

虽然玩笑不断，但每当工作遇到困难时，大家则严肃认真，团结一致，互助合作，共同解决难题。

在父亲的影响下，大姐可孟、二姐圣茵、四弟国熙和我也像父亲一样，把他的弟子当作家人。每当大家到我们家，就会感受到温馨的气氛。父亲的学生古国治从小一直生长在不幸的环境中，对古国治而言，只有到了父亲这里，才真正有了“家”的感觉。父亲不仅给古国治家的温饱，还给了古国治家的温情。师父，既是师，也是父。

父亲的一个学生杨汉之，甚至将其已故父亲的骨灰放到了我们家。一天，杨汉之提了一个包跑到我们家。父亲问他：“你手上提的是什么？”他回答说：“我父亲的骨灰。”父亲声音非常温柔地说：“你把你父亲的骨灰提到我这里来干什么？”杨汉之说：“老师，我看这个世界没有什么地方可以放我父亲的骨灰，只有你这里还可以放放。”可见，在学生们心中，父亲早已是他们值得信赖的亲人了。

父亲对我们的教育，不只在课堂上，不只在书本里，更在生活的点滴之中。他会随时随地指点你、纠正你。例如，有学生在我们家吃饭，菜烧好后陆续端上桌，父亲回来后，若看到有学生在客厅坐着等吃饭，不去帮一下忙，就会提醒说：“怎么不过去帮忙摆碗筷？”

其实，父亲也是在教育学生，希望他们不要养成“衣来伸手，饭来张口”的坏习惯，凡事都要自己动手，才会丰衣足食。父亲总是从这些细微之处入手，教导学生们一些受用终生的道理。据古国治自己说，他以前跟着父亲到辅仁大学上课，每次下课，都会帮父亲提皮包。之后，父亲会带着他去馆子吃饭，而且父亲会叫他把东西全部吃完，不浪费粮食，教导他要懂得惜福。

古国治吃饭时会发出声音，父亲也耐心地纠正了他。吃完饭后，古国治就到路口叫一辆较干净的出租车。每次坐出租车，父亲为了不给司机添麻烦，都只是搭到巷口就下车，然后再自己走进去，因为回家路上的那个巷子小，倒车不易。

因为父亲很受人尊敬，所以好多人都曾请自己的司机送父亲回家，父亲虽不愿意占别人的便宜，但那是别人的一番心意，父亲也不好推辞。于是每次父亲下车后，都会给司机塞小费，表达他的感激之情。

父亲的朋友有的年事已高，但是偶尔还是会抽空来看望他。有老朋友看望，父亲自然很高兴。待客人回去时，父亲虽然因为自己也不是很方便，不能亲自送他们，但是他一定会要古国治代他送到楼下，并且吩咐古国治带上钱，替他们叫辆出租车。

古国治以前送客人走的时候，都会让客人先走，认为这是礼貌。下楼时也是如此。但父亲知道后，便纠正他：下楼和平常走路不一样，在走楼梯时，一定要自己先走在前面，这样的话，即使客人滑跤了，也可以在下面挡住，不至于让客人受伤。

父亲就是这样一个既贴心又细心的人，事事都考虑得如此周到。

这样的事情还有很多。父亲很注意这些生活中的细节，时时处处都要替别人着想。他总说，学佛要在这些地方留意，慈悲不是挂在口头上的。父亲是通过这些纠正细枝末节之处的行为举止来教育大家，希望大家能时时注意关心别人、体贴别人。他说，一般学军事的人，很少提“慈”，更少提到慈可以打胜仗；可是《孙子兵法》中则提到“仁”。中国文化中“慈”与“仁”有时是同义字，只是两个字义的变化，由于时代不同而有了不同。大丈夫假设没有仁爱之心，没有爱天下人之心，不能为大将。至少在带领自己的部下时，如果没有仁慈之心，不能视部下如自己的子弟，那是无法打仗的。不但带兵打仗如此，就是领导一个机构，领导一个工厂、一个公司，对部下也应该如此。不过，仁慈并不是如带娃娃一样，下雨了赶快把他抱起来，天热了赶快为他脱衣服。仁慈是真教育、真爱护，对就是对，不对就是不对。

我也正是得益于这样的家风环境，传承到了父亲的慈悲之心、仁义之心。

南怀瑾语录：淡泊宁静

“非淡泊无以明志，非宁静无以致远。”求学问的道理，先要学会把自己的思想情绪淡化了，甘于寂寞，甘于淡泊，要安静。你天天要去玩儿，欲望太多，卡拉OK呀，交男朋友啊，交女朋友啊，耽误很多时间的。求学是非宁静无以致远。

让孩子自己探索世界

很多父母都对孩子爱护有加，不忍孩子经受风雨，经常把孩子过分地护佑在自己的羽翼之下。因为这种“爱”，孩子失去了探索世界的能力。要知道，父母不可能陪孩子一辈子，总有一天会护佑不住子女。

父亲深知，让孩子长大能够独当一面，最根本、最有效的方式便是从教育儿童入手。父亲曾说：“我们中国几千年教育的目的，不是为了谋生，是教我们做一个人，职业技术则是另外学的；而且教育要从胎教开始，家教最重要，然后才是跟先生学习。人格教育、学问修养是贯穿一生的。所以社会除了政治、财富力量以外，还有独立不倚、卓尔不群的人格、品格修养，作为社会、人心的中流砥柱。”

正是为了培养新一代青年“穷则独善其身，达则兼济天下”，“君子得其时则驾，不得其时则蓬累而行”的超拔志节，父亲才倾尽最后的心血，不舍昼夜地为中华民族勾画文化与教育的蓝图。

在父亲十七岁的时候，也许是书读得多了，见识也广了，他开始不愿意局限在家乡这个小小的地方，隐隐有了想要出去闯天下的想法，觉得自己要干一番非同寻常的事业。这是所有有志青年懵懂的憧憬，而在他那里这个意念如此强烈，以至以后的一切似乎都是冥冥之中的安排。这还得从一桩事情说起。

十几岁的时候，父亲在家乡附近的一个道观抽过一支签；过了几年，又在另一个庙里抽了一支签。抽签这种东西，讲得好听一点儿，是神秘学的范畴，可信可不信；不好听的话就是迷信骗人的东西，本不足以拿来当真的。但奇就奇在他在不同时间、不同地点抽到的这两支签，竟然完全一样，毫厘不差。这个巧合确实很难解释。两支签语都是这样说的：

> 脱却麻衣换绿衣，恰如杨柳遇春时。
>
> 飞腾要取蟾宫桂，许折东南第一枝。

这个签语对父亲一生产生的影响，也许是非常重大的。他不是一个迷信的人，但签语中的取“蟾宫桂”、折“东南第一枝”，对一个踌躇满志的青年人，无疑是一股强大的动力，鼓舞着他，鞭策着他，以这首诗中的说法自励自警。甚至几十年后，父亲仍经常向人谈起这个签语，颇有几分津津乐道之意，说自己的一生经历都被这个签语说准了。

“脱却麻衣换绿衣”一句，大概就是指父亲去做教官的那一段时间，由一个布衣平民，变成了绿衣军人。“要取蟾宫桂”，或许是说父亲的才学出众，独占鳌头；而“东南第一枝”，想来许是暗指父亲后来在祖国地图上的东南部，独辟一脉，传承中华传统文化之事。

正在他满怀壮志、雄心勃勃而无处着手用力的时候，一位在外地做事的同乡回乡度假，他便趁机前去打探外界的消息。

这位同乡阅历很广，也有见识，见父亲对外面的世界充满好奇，便鼓动他到杭州的浙江省国术馆去。他说国术馆是公费，不要钱，还管吃管住，两年毕业后，就会被分配到各地当武术教官。当时正是抗日战争前期，数年前发生了九一八事变，东北已经沦陷，再加上次年的“一·二八”淞沪战役，全国上下越来越不太平。

战争的风云，让全国武风盛行。国术馆是教授武术的学校，在那里学习将来还能成为军官，听起来正合了父亲痴迷武艺的心意。男孩子向来崇拜羡慕《三国演义》《水浒传》《说岳全传》和武侠小说里的各路英雄豪杰，现在机会摆在面前，当然要把握。将来学会十八般武艺，走南闯北，当一个英雄好汉，行侠仗义，方才不枉此生。

家里听说他要远走杭州，起初自然是反对的。祖父管教严格，一直让他在家自修，最终的目的无非是要让他学会做生意，过上安定平和的耕读生活。祖母也希望爱子能够留在身边，但对他将来做什么，倒也没有太多的主意。

无奈父亲去意已决，祖父母也知道他倔强的脾性，便不再拦他。这时候家里还没有从遭受海盗洗劫的损失中恢复过来，连盘缠都凑不齐，只能找亲戚筹措，祖母为他打好包裹，带上一盒亲手做的饭菜，依依不舍地送他奔赴杭州。

眼看着父亲如脱缰的野马、出笼的猛虎一般奔赴外面的世界，祖母放心不下，泪眼婆娑地一路目送着，祖父安慰她：“随他去吧，随缘吧，该他享的福他就享，该他受的苦他也得受！”

那时，年轻的父亲还带着一些富家子习气，以前在外面买东西的时候，都把钱交给同学来付费，有没有找回钱，找回多少，都搞不清楚。后来有学生跟随，父亲也都把财务交给学生处理。

父亲说他从小出门的时候，曾祖母会打好几个黄金的戒指给他。多半是一钱左右的小分量戒指，小得像耳环一样的，放在袋子里，再把袋子拴在腰间。曾祖母说：“孩子啊，注意，这是救命的钱哦，不准随便用。在外面遇到困难的时候，你拿出一个戒指给人家，或许可以换两个馒头，可以救命。这是救急救命用的，要记住啊！”后来，在抗战时期，父亲就真的经历过这样的困境，老人之言就是阅历和智慧啊。

父亲不会想到，他这一走，便开始了一生的修行之路。他只是凭着“少年不识愁滋味”的万丈豪情，辞别父母，立志要走出乡关。他面前是未知的远方，而未知总是吸引人的。他无所顾忌也无暇回顾，从小养成的独立果敢的性格驱使着他不断去寻找那属于他的因缘命途，步履不停。

家教的意义，最重要就是培养我们自己的生活态度，如何去理解别人，不要被他人的言语轻易误导，最好自己亲自做判断；也要我们懂得每一个人的成长环境，不是这个人未来成就的局限，成就来自个人的努力；更要我们了解，个人见识品德的提升，能够为国家、为社会做榜样，才是真正的成功。

南怀瑾语录：大智若愚

大笨蛋有时候看起来很聪明，他还处处表示自己聪明；越表现自己聪明的人，一定是笨蛋，暴露了自己。所以大智如愚，老子只说了正面，反面那是老子的密宗，不传之秘，你要磕了头，拿了供养，他才传给你。

子女教育须知禀性

1975年，父亲在讲授《易经·系辞》的课程中，曾经提及，现在父母教育孩子用西方化的教育方法，处处将就孩子，把青年人都害了。所以，现在一部分青年人都是在温室里养的，终究很难有大用处。父亲是绝对不赞成这种教育方法的。

在几十年前，父亲就对教育发表过自己的看法：“现在我们的教育，第一流的家庭是末等的教育。夫妇都是知识分子，都去工作了，孩子托给用人照顾，再不然请个保姆，那个保姆的知识程度，未必超过孩子的妈妈，保姆是没有办法才出来做保姆！结果呢？你第一等的家庭实施了末等的教育，造成了今天教育的问题、社会的问题。所以今天的教育没有什么可谈的，要谈教育，所有的父母都要先回到幼儿园去再教育才行。这不是我在说笑话，我们的教育的确很有问题。”

父亲讲到的“第一流人受最末等的家庭教育”，也在教育界引发了轩然大波。

只要有中国人的地方，这种情况就比比皆是。如果“第一流的家庭，很有钱的家长”，只懂得将孩子送进名校或国际学校，就觉得孩子已经受到第一流的教育了，则大谬不然。

因为不管是最上等的教育，还是最末等的教育，跟学校有名与否、学校是国际学校与否，都没有什么大关系。问题的关键在于这些学校到底实行了怎样的教育。

上等教育和末等教育有什么区别呢？无外乎是在德、智、体、美、劳等方面教育的区别。

上等教育会全面开发被教育对象的潜能，并且培养其健全的人格；末等教育，则会忽视德育，轻视体育，而又把智育狭隘化、片面化。上等教育是符合认知心理学规律的教育，下等教育则相反。

在父亲看来，单对单的教育是上等教育，因为单对单，就是实施因人而异、因材施教的教育；一刀切、工厂式的大批量生产教育，是非人性化的末等的教育。能秉承中学为体，西学为用，继承和发扬传统文化的是上等教育；数典忘祖，全面否定传统文化或全面否定西方教育的，是下等教育。

我们希望第一流家庭的子女早日接受第一流的教育。

子女教育是每一对父母操心的大事，可“一流的家庭，末等的教育”仍比比皆是。大多数父母都寄望别人来帮忙完成子女的教育大业，所以寻求好的学校、好的老师、好的学区，用一切的好，来协助子女的学业，这就是一流家庭最开始的手段。说得明白点，就是一个家庭尽一切努力来为孩子助力，希望孩子有所成就。

只是在这样的努力中，由于个人本身的资质问题，我们也遇到了许多心理上的波折。对孩子进行教育，要先知道孩子的性格特质。人的生命存在两个东西，性跟情。其实每一个孩子都有他个人的性格特质，如果父母能够在子女三到五岁时，仔细观察理解自己子女的性格特质，同时多和子女交流来理解子女的偏好，或许可以及早培养孩子一个兴趣。当这个兴趣发展得好一点儿时，那么无论未来学习上有什么困难，孩子依旧有足够的信心，知道自己的长处而不气馁。

性情在学理上叫作禀性，禀性这个“禀”字也有写成“秉”的，这两个字通用。“禀”是什么？它是孩子生出来自己带来的，不是父母遗传的。不只是人，一条狗、一只猫等，每一个生物的禀性都不同，现在我们通常称为个性不同。禀性分两个方面，有些是生理上的，身体有问题；有些是思想情绪上的，情绪是科学的问题，也是医学的问题。比如说，我们的心、肝、脾、肺、肾，哪一部分不健康，就会表现出不同的情绪。譬如这个人很忧郁、很内向，可能是肝部有问题，并不一定指肝上长东西，而可能是肝脏分泌物的分泌量发生了变化；譬如脾气特别坏，也是肝的问题，从而影响了他的脾胃功能，让人产生更多不同的情绪。所以教育的第一个问题就是要了解孩子的禀性。

只是我觉得时过境迁，我父亲当时所说的“末等的教育”时代与现在的许多新式教育家的时代不同，我个人觉得现在有许多的教育家已经在尝试许多更有效的沟通方式，以激发潜能与兴趣来启动学习的热情。

可惜的是，社会毕竟需要一个评比的标准，而设立了评比标准也就是限制了教育的活跃性，造成教育的僵化，唯有在评比制度上有活化的设计，加上不是“唯有读书高”的概念，强化技术专才体制的建立，社会有多元化的发展，分离开科学技术、生活创意、职业就业和理念追求的不同领域学习，那么教育才有回归寻求人性智慧的本意。

有通才教育科目，却不要求全才教育目的；能专项评比鼓励，而不是所有科目评比，让人追求智能而学习，不以文凭为依归，这样的教育才是健康有效的教育。

我的父亲对子女的教育是依天性而教，同样的言教，看个人的领悟。他也随身而教，看个人能否领会。对子女也无求远大，皆由个人因缘来自我成就，所以我们作为子女的也都没有什么教育上的压力，自由自在地发展。

虽然只要有兴趣有需要，就可以向父亲求助，但是处处保持独立性。对于自己的前途也是自负责任的，父亲也不会主动参与，子女也不会有所要求，这样轻松地各自努力，完成人生经历。

南怀瑾语录：真智慧

我经常看到一些没有受过教育、一个大字都不认识的人，有时随便一开口，真是吓人，因为他真高明，会被他吓得冷汗直流。但必须要你自己去体会，否则还以为他是一个大笨蛋呢！真智慧不是读书读来的，不从知识中来，而是自然就有的。

書到用時方恨少
事非經過不知難

南懷瑾書

让孩子自己做主，一生自负盈亏

让孩子学会自己做主，是培养孩子的自尊心、自信心和责任感的基本方法。

孩子应当知道自己要做什么、学什么。具备一定的自主能力，才是孩子对做事情有兴趣的前提。在这方面，父母应该遵循的一个基本原则是：不管是饮食，还是起居，孩子力所能及的生活事务，尽量让孩子自己学着去做。比如教会孩子整理物品；当孩子懂得花钱时，给他少部分零用钱，供他独立支配；在没有危险的情况下，让孩子自己去上学。另外，在孩子的兴趣班、课外知识班等方面，家长也应该尽量让孩子自己决定学什么，一旦决定，就督促孩子坚持下去。这样既能培养孩子自己做主的能力，也能让孩子对自己做的决定承担相应的结果。

父母必须让孩子明白，怎样生活是自己的事情。小时候，父母的约束只是因为孩子太小，能力太弱，需要父母保护不受伤害。所以，父母可以与孩子做这样一个约定：只要没有危险，就自己的事情自己做主。

如此一来，父母要教导子女懂得什么是危险，教会子女进行前瞻性思考。当一个人做事情没有前瞻性思考时，任何事情的发展都有可能导致某些危险。古人说“防祸于先而不致于后伤情。

知而慎行，君子不立于危墙之下，焉可等闲视之”，就是要求个人对情势要懂得判断，做好事先防范，避免不利情况的发生。

当然，决策一定和责任相关联。孩子做的决定，需要他们自己承担起责任。让孩子学会自己做主，就是在培养孩子的责任意识。最简单的，比如父母可以让孩子选择想要的冰激凌口味，让孩子决定做作业的时间，让他们选择想要买的玩具。

对于冰激凌，孩子自己选择的口味，不管好吃不好吃，孩子都要自己承担后果；对于晚点儿写作业，孩子就得能接受晚睡、早晨睡梦中被叫起床的后果；对于玩具，孩子如果觉得自己选的不好玩儿，也不能要求父母再买一个。

这样，孩子才会在成长过程中慢慢明白，自己做主究竟意味着什么。孩子越早就自己的事情做主，这种意识就越容易形成。

我们经常听身边的人说自己有“选择困难症”。这无非有两种可能：一是不会选择，他们在面对不同选项时，不会根据自己的需求权衡利弊；二是害怕承担选择的责任与后果，想要逃避。

对孩子来说，他们在小时候就能知道家里大概的财产状况，可对家里的开销却不甚明了。他们只知道，父母一个月能挣很多钱，跟他们想要的钱相比，一定是很大的数目。因此，他们可能会毫无顾忌地去“挥霍”钱财。这些孩子最后形成了坐享其成的心理，习惯于所有的生活都由父母来安排。

这些被父母保护着，在温室里长大的孩子，永远都不会明白，大人的世界充满了责任和残酷。等到长大之后，他们大概率会一事无成。父母需要给孩子的，是他可以为自己经历的事买单的能力，而不是一味地溺爱保护，以及无休止地包揽全局。

我小的时候，我父亲就说到“人贵自立”的一些理念，让我自小就有不求人、不依赖的态度，凡事靠自己。

初中开始，我父亲就每周给我零用钱，要我养成自己管理财务的习惯，学习分配手头上的资源，独立而自主地对自己负责任。

同时，父亲也尊重我的选择。在我决定要去报考军校时，他也一样支持我的选择，陪同我一起去体检面试。所以，我一向就有对自己负责的态度。出国、结婚、为子女取名字都是自己决定的，在美国参加市议员选举也是自己做决定，这些所作所为都力图不增加父母的负担和烦恼，虽然没有做到彰显父母，但是也没有辱没家风。

我这一生真的很幸运，我的父亲就是这样带我的，他让我接触到一切美好的事物，却没有逼迫我一定要做到这样。他只是让我有个机会接触到，然后我自己去做选择而已。所以，我活得自在。

旅美归来之后，父亲主持修建的金温铁路已经实现“还路于民”的初衷；他号召并主导的儿童读经运动，也正如火如荼地在全国各地展开，但他仍不满足于此。他的心愿是构筑一条广阔的康庄大道，一条人文大道，一条继往开来的文化之路。在他看来，人文大道之推行，根本在于教育。父亲对于当今中国的有些教育方式素有不满，此前也曾数次予以批驳，并试图通过建立“东西精华协会”“十方丛林书院”等方式，以一己之力改善这一现状。

然而，想要革新一代人甚至几代人对于文化与教育的观念谈何容易！父亲也深知，最根本、最有效的方式便是从对儿童的教育入手，要从小便教育孩子，建立自己独立而完善的人格。

如果父母事事对孩子加以“控制”，就会对孩子产生负面的心理影响。单从孩子的独立性来看，也会比其他善于自己做主的孩子差上一大截。那些缺乏独立性的孩子，从小生活在父母的羽翼下，每时每刻都有父母保护着。等孩子长大离家后，当他独自面对学业、工作、爱情、家庭及他们的孩子时，对一些纷繁复杂的情况，他就会很难做出抉择，从而让他心生恐惧、无所适从。因为他们从小就不知道自己到底想要什么，也不会独立做出决策和选择。

那些待在家里“啃老”、不肯出去工作的年轻人，也许并不是因为懒惰，而是因为害怕面对；那些想要结婚，却需要父母亲戚帮助相亲的年轻人，可能也并不是真的遇不到合适的人，只是自己对自己都不满意，也就没有信心让别人接受自己，如此更是不敢对喜欢的人告白。

相反，那些从小就可以对力所能及的事情做主的孩子，将更具有选择和决策能力，他们不会依赖父母，也更能适应未来的独立生活。这样的孩子，才不会在二三十岁、三四十岁之后，还需要就自己的事情向父母征求意见、依赖父母的决定。

父亲对我的要求是独立、自主，让我自己来负责任，所以很多事情都是我自己做决定。做错了我要承担错误的后果；做对了我也会很高兴，从而更自信。我们让孩子学会自己的事情自己做主，他才能成为自己的主人。

南怀瑾语录：为自己读书

我们现在读书，进学校是为了将来求职业，为了前途，所以读书读得没有艺术境界，很痛苦。过去我们读书，像我个人，喜欢研究佛学，喜欢研究禅。在当时来说，是开倒车，没有人理的古董，但是我喜欢，爱什么就学什么。

父母身教不言而喻

关于人性的传承，一向是父亲最为看重的。这倒与他钻研佛法无甚关联，只因父亲自小便受到了有关人性教育的家风、家教熏陶，从而对人性方面有颇多思考。

幼年读书，对于读书何为的思考，父亲也曾受到曾祖母偶然的点拨启示。有一天，他坐在曾祖母的床边读书，曾祖母突然停下手中的针线活说："孩子啊，读书可以，千万不要为了做官而读书！"恰好父亲当时在看《三国志》，正在为辅佐君王的事而心潮澎湃，听罢他惊诧万分，便大声问："为什么啊？那我读书干什么呀？"曾祖母回答："一代做官九代牛。做一代官，就做了很多不好的事，要九辈子做牛做马，回报给老百姓。所以呀，孩子，读书可以，不要做官！可以研究学问，教授别人，但是不要做官！"曾祖母说的这句当地俗谚后来常常被父亲在讲课时引用，用以告诫大家读书不是为了做官，教育要有更大的目标。可以说，这样一句简单的叮嘱从那时起就改变了父亲读书为官的庸常初衷，决定了他日后"不问禄位问功德"的修行之路。

须知中国的读书人，一生所追求的人生目标是以精通人性为学问，尽忠人事为做人。儒家的圣人、道家的圣人、佛家的慧人，都是一个出处。

父亲从小熟读朱伯庐先生的治家格言。“读书百遍，其义自见”，这点在父亲身上得到很好的印证。父亲读书是可以用到生活里的，是可以用行为验证的。尤其是朱伯庐先生在临终时，遗嘱有言“学问在性命，事业在忠孝”，十个字道尽中国读书人应该有的努力。

同时我也看到，父亲是以他的一生来践行这个理念。

祖父还有一种特殊的教育方法——功过格。祖父在书房里贴了一张纸，画一百个或者三十个同等大小的格子，这些格子就叫“功过格”。祖父要求父亲每天睡前读完书后，想一想今天有没有犯错误，如果有，就拿黑笔在格子里点个黑点；再想一想有没有做好事，如果有，比如送一块糖果给没有糖吃的小朋友，就拿红笔在格子里点个红点。

就这样，父亲每天都要对自己的思想行为进行自我检视和反省，一张“功过格”填满了，新的一张“功过格”就又来了。祖父会根据“功过格”的红黑比例，给予他相应的奖惩，不断地督促着他塑造止于至善的行为和人格。

这种“吾日三省吾身”的传统教育，使得父亲从小就特别懂得经常观照自己的内心，从小就思考是非善恶，养成了努力精进、自我督导的习惯。

父亲在学院时，也曾多次给学生们分析过人性，并通过对人性的分析，给他们以教导和启迪。

有一次，一个大陆的年轻人打电话到老古公司，一再恳求要拜父亲为师。当时是刘雨虹女士接的电话，她便再三解释，说父亲从来不收徒弟，只要认真读父亲的书，便自然会得到想要的东西。

那个年轻人仍旧纠缠不休，无奈之下，刘雨虹女士只得岔开话题，问："你打给我，用的是什么电话？"那个年轻人说是单位的电话。刘雨虹女士立刻直截了当地说："打长途电话是很贵的。你私人的事，却要单位替你付电话费，似乎不太合理吧！这是学佛的第一条戒，戒贪。"

后来，刘雨虹女士也是用同样的话，警退了许多忽视修德基本原则的所谓"求道者"。

父亲教大家处世的态度是："处事不可不斩截，存心不可不宽恕，持己不可不严明，与人不可不和气。"他常感叹说："现代有的青年只吃过一碗饭，犹如在暖室中成长，未经过风霜，不知世事之艰难困苦，不懂得人情世故，以及应对的礼貌。"

父亲对人谦恭有礼，尊重别人，对任何人都一样。父亲对待在身边学习的学生或是向他学佛修道的人，始终一律明镜高悬、铁面无私，再微细的行为举止，都无法遁形于他的法眼之下。

他在一般人的面前慈眉善目、轻声细语，但在道场禅堂里却是怒目金刚、不假颜色。而他对待交往的人，从达官贵人到贩夫走卒，一律平等、礼敬有加，让人如沐春风。很多人与父亲交往之后，精神状态焕然一新。

记得之前，父亲曾请了一位保姆在家中煮饭烧菜、打扫房间。但父亲从没有把她当作一个保姆看待，而是要包括我们兄弟姐妹和学生们在内的所有人称她为"江太太"。例如在大家走时，要告诉一声："江太太，我要回去了。"有时，到我家吃饭的学生比较多，给江太太添加了麻烦，增加了工作。于是逢年过节，父亲必另拿钱给那学生，叫学生出面送给江太太，以表感激。

父亲的嘉言懿行，无时无刻不在影响着我和他的学生们，他的言传身教，对于我们提升个人修养和端正自我品行，裨益良多。对于父亲的谆谆教诲，用再多的言语去描述都是苍白无力的。在此，暂借一句诗来勉为表达吧——“此中有真意，欲辩已忘言”。

南怀瑾语录：知足者富

任何人所住的房子永远少了一间，穿衣服永远觉得少一件……严格地说起来，真正的财富，是“知足者富”……知足才是真正的财富。不知足就是永远跟着欲望跑……欲望是永无止境的，所以人永远生活在痛苦之中。

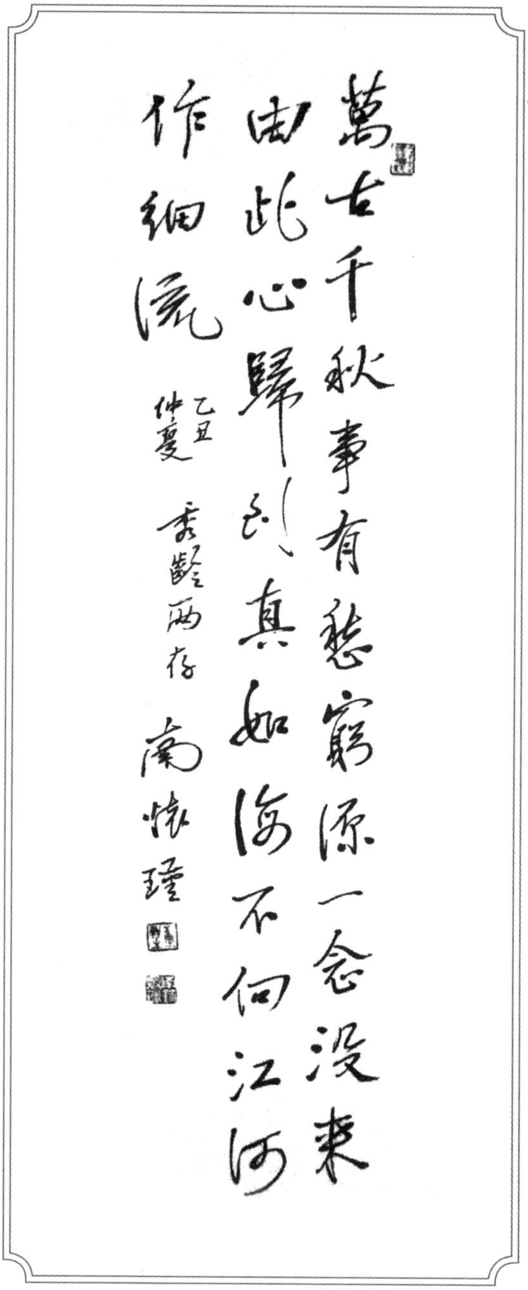
萬古千秋事有悲窮源一念沒來
由此心歸到真如海不向江河
作細流
乙丑仲夏
秀齡兩存
南懷瑾

第七章

教人的话千篇一律，育人的心略有不同

爱孩子是有原则的

父亲的爱不是娇生惯养，更不是现今社会上流行的那种毫无原则的溺爱，而是事无巨细的严加管教。这种爱来自我的祖父，甚至是祖父的父辈；这种爱成为家族中的一种传承，时至今日，我也成为这种爱的践行者。

幼时的父亲，天资聪颖又思想自由，精妙的鬼点子特别多，也因此常常犯错误。尽管祖父只有这一个孩子，对父亲钟爱有加，但仍严格地遵循着从长辈那传下来的家风，诗书礼仪、洒水扫地、待人接物，几乎面面俱到地对独子严加管教。他的爱不是毫无原则的溺爱，在许多牵涉“原则”的问题上，祖父一点儿也不含糊，从不肯轻易让步，姑息纵容。

这种有为有守的行事风格也传承到了父亲的身上，以至于后来父亲在教育我们的时候也丝毫不姑息纵容。我认为父母和子女都有天生的缘分，每一个孩子和父母的缘分都不同。我与父亲的缘分，有亲有敬，但是从来没有依赖，所以能够感受到父亲亲近而严厉、刚强而柔和的爱，这很有《论语》里说孔子“温而厉，威而不猛，恭而安”的意思。

在我的印象中，父亲的严格家教很有祖父的风骨。开玩笑地比喻一下，每当祖父严格的时候，祖母都是父亲的“观世音菩萨”。父亲每次遇到困难，“菩萨”就会显灵，即使祖父再严格，也不能说“观世音菩萨”的不是。

父亲是家中的独子，但犯了错误依然要受到严格的惩罚。听说有一次，父亲同邻居的孩子吵架，双方互相骂到彼此的祖宗。父亲当时嘴快，一时骂错了，骂了自家的祖宗，在当地这是被看作有辱家门的事。祖父得知后大发雷霆，不由分说，一把将父亲推到门前的小河沟里，不让他上岸。

祖父坚持要用家法，没有人能够拦得住祖父的“凶脾气”。就在父亲要遭受家法的时候，“菩萨”出现了，祖父的“凶脾气”被成功制止。虽然没有遭受家法，但父亲这次也受到了教育，祖父的严格让父亲认识到了自己的错误。或许正是这种严格的管教，才让父亲在成长的过程中不断收获人生的大道，最终参悟领会人生的真谛。

在我们几个兄弟之中，我似乎遗传了父亲天性中活泼好动的一面；在调皮捣蛋、突发奇想方面，可以说也完全遗传了父亲的基因。

在我小学六年级的时候，春节期间，大家都来我家拜年。为了制造一些乐趣，我把一种两头有线，中间藏着小火药包的拉炮绑在了两扇门的门锁两侧。在客人到来的时候，我轻轻将门微开，但却没有完全打开，等到客人推门时，“嘭”的一声巨响，小炮立刻炸开。

虽然并没有什么火药，小炮的威力也并不足以伤人，但惊吓效果是极大的。男宾被吓到，事后拍拍我的头就算了；但是女宾有的惊叫，有的甚至被吓哭了。这下我可惨了，虽然是新年，父亲还是马上严厉地使用家法藤条，让我这辈子都记住这并不是一件好玩儿的事。那也应该是我这一生最后一次恶作剧。

父亲在小时候并不算是一个乖孩子，相反，很贪玩也很调皮，这一点很难从父亲日后的生活中观察出来。祖母对父亲很是疼爱，即使父亲贪玩调皮，她也不忍责骂；但祖父不一样，祖父始终对父亲严加管教，也正是在这种严加管教之下，父亲才打下了坚实的国学基础。

对于私塾之中的四书五经，父亲不管能否全部理解，却都能够背诵，即使过了几十年也未曾忘记。父亲也常常说，自己的“这些墨水”都是小时候打下的基础。父亲喜好读书，每天不间断地学习的习惯正是在祖父的严加管教之下养成的。读书对于他来说就像饮食一般，每天都需要读书思考，这也正是每日不离道的实在表现。

祖父特别注重家风，不仅自己身体力行，还要求父亲学行一致，知行合一。摆在桌上的《朱子治家格言》就是祖父布置的课业。父亲早晚都要向祖父背诵，不仅如此，祖父还要求他照着书上讲的内容如实地做：“黎明即起，洒扫庭除，要内外整洁；既昏便息，关锁门户，必亲自检点……”

有时候，父亲在阁楼上的书房里念书，祖父便会悄悄地从楼下上来，看到他念书十分认真，浑然不觉有人到来，便觉得宽慰，但还是引用“三更灯火五更鸡，正是男儿读书时”之类的诗句，正色告诫他夜里不要贪眠。父亲则乖乖地垂手听训，点头称是。祖父转身下楼稍做停顿，依旧不动声色，静静地听着，直到楼上传来读书声，这才满意地离开。

祖父布置的课业对父亲的影响是一辈子的。父亲后来在讲课或者与弟子们对话时，常常引用《朱子治家格言》的话：“读书志在圣贤，为官心存君国。”读书求学问的目的，并不是只为了学好技术，找一个能填饱肚皮的工作，而主要是先完善自己的人格，以成圣成贤为目标，技能只是附带的。若是为官，便要心存国家，“居庙堂之高，则忧其民；处江湖之远，则忧其君”。在祖父身正为范的引导和影响下，父亲从小树立的心志，正是这样的高远志向和宏大目标。

从祖父身上传承下来的东西，也经由父亲传承到了我们身上。我的国学知识正是在父亲的“管教”下，不断累积起来的，父亲的身体力行和严加管教为我们的成长打下了坚实的基础。

南怀瑾语录：天下事没有不变

痛苦与烦恼、艰难、困阻、倒霉……都是生活中的一个阶段，得意也是。每个阶段都会变去的，因为天下事没有不变的道理。知道一切万事万物非变不可的道理，便能随遇而安，所以“乐知天命，故不忧”。

黃金有價書無價
時勢遷流我不流

南懷瑾題

教育有方法，无方式

父亲的教育方法很严格，这是从祖父那里传承的。但从某些方面来看，父亲的严格又与祖父有所不同，这些不同可能更多来自祖母的影响。祖母是慈祥的“观世音菩萨”，除了给予父亲温暖的呵护外，还教给了父亲许多通俗却又深刻的道理。

有一次，父亲问祖母：“妈妈，菩萨的眼睛为什么半开半闭？为什么不张开眼睛？”父亲的这个问题可以说是突发奇想，现在想来也很难很好地解释。但祖母却以她自己的理解，不假思索地给出了一个回答，在我看来精彩至极。祖母说：“世界上的人太坏了，菩萨只好半闭着眼，不看为妙；如果张开眼睛一看，这么乱糟糟的世界，那真要气死了。”

这个回答在父亲听来却也很符合当时的情况，也还蛮有意思。祖母没有渊博的知识积累，但对生活却有着自己独到的见解。不同于祖父严格的教育方法，祖母对父亲的影响更多是潜移默化的，而父亲正是在祖母潜移默化的影响之下，逐渐形成了自己一种看待世界的方法。

祖母不会因为父亲没有做好什么事情而批评父亲，也不会因为父亲做对了什么事情而去表扬父亲。这种不表扬也不批评的教育方法更多的是让父亲自己去判断对错，自己去对自己的行为习惯负责。

一次，祖母在烧菜的时候，发现酱油已经用没了，便叫父亲去到隔壁店里打一碗回来。父亲在之前从没买过酱油，为了能够圆满完成祖母交给他的任务，很是小心谨慎。交了钱拿到酱油之后，父亲准备往回走。

在往回走的过程中，父亲发现碗中的酱油随着自己的脚步一晃一晃，感觉马上就要溅出来。为了保证完整将酱油运送回去，父亲小心翼翼地边走边看手上的碗。他不想要酱油溅洒出来，可事与愿违，越是小心，碗里的酱油晃悠得就越厉害，最终因为碗端得太紧，父亲竟几乎把整碗酱油都晃了出去。

看到自己小心呵护的酱油竟然一点儿面子也不给，全洒了出来，他气得直接把碗摔到了地上。但还得回去交差，父亲只能空着手回家复命，准备接受祖母的批评。父亲回到家中，还没诉说自己的经历，祖母就看出了他的心思。祖母知道父亲的脾气，见他垂头丧气的样子，就知道怎么一回事了。

原以为会遭到祖母的批评，但让父亲惊讶的是，祖母并没有生气，更没有批评父亲。祖母将另一个干净的碗交到父亲手中，并嘱咐父亲不必害怕、不必看碗，只管将酱油打回来就是。

这一次，父亲听从祖母的话，改变了自己的策略。他不再像之前那样紧张着碗里的酱油，而是买完酱油之后，看都不看，完全不把酱油放在心上，也不怕它晃出来，只管昂首挺胸地走着，很快就走回了家。这一次酱油没有晃出。父亲对自己的表现很满意，祖母也很满意，但却没有称赞父亲。这件简单的小事让他明白了一个深刻的道理，而这个道理也正是祖母想要告诉他的。

在父亲看来，很多事情都是这样，你越是在意，就会越紧张，这样反而更容易失去。对于这一点，练过武的人应更能体会个中三昧，重要的是不刻意勇猛，而是自在欢喜。静坐也一样。其实，这和人的自我心理暗示有关，紧张与担忧会形成暗示作用，那么结局就会向忧虑的可能性发展。

有些东西就好像手中的沙子一样，你攥得越紧，就越容易失去，与其这样不如放开心去，自在豁达，倒可能会收获意想不到的效果。这就是我们所说的“心想事成”，无论是好的事，还是坏的事，都有可能因为心理暗示而发生。

祖母很少去批评父亲，即使父亲做错了什么事情，祖母也会通过一些通俗的道理让父亲认识到自己的过错。祖母对父亲的一些教育，都是通过生活中的平常之事，很多时候并没有去批评和表扬，但父亲却将这些道理铭记了一生。

一直以来，父亲对普通老百姓的智慧十分敬重，在他的讲演中也多用些日常的例子，这不过都是些随机度人的方便法门。更重要的是，他认为，在看待世界方面，专家学者不一定就比贩夫走卒或荷锄老农来得深刻。同理，在生活中，前者也不见得就比后者过得幸福愉悦。父亲能够得到这样的体悟，与祖母的教导是分不开的。

在现代社会，很多人认为教育就是要通过表扬和批评让孩子认识到对与错。当孩子做错事情的时候，通过批评让他们改正错误；当孩子做对事情的时候，通过表扬让他们继续去做。看上去这种方法并没有什么问题，但实际上，真正对孩子有益的教育方法是实事求是，适当表扬，指出孩子的错误并帮其分析问题。

父母应该传递给孩子是非对错的评判标准，而不应该代替孩子去进行评判，这是一种剥夺孩子主动权的行为。我很庆幸能够从父亲身上继承到这种由祖父母传承而来的家教方法，也希望更多的为人父母者能够利用这种方法去教育自己的孩子。

南怀瑾语录：虚荣的名心

一般人的修养道德，为什么不能守自己的本分，反而超过了这个本分呢？因为受心理的影响。什么心理呢？虚荣的名心！现在的说法是，为了莫名其妙地求知名度，所以不择手段去做，超过了道德的范围……把人生的行为标准都破坏了。

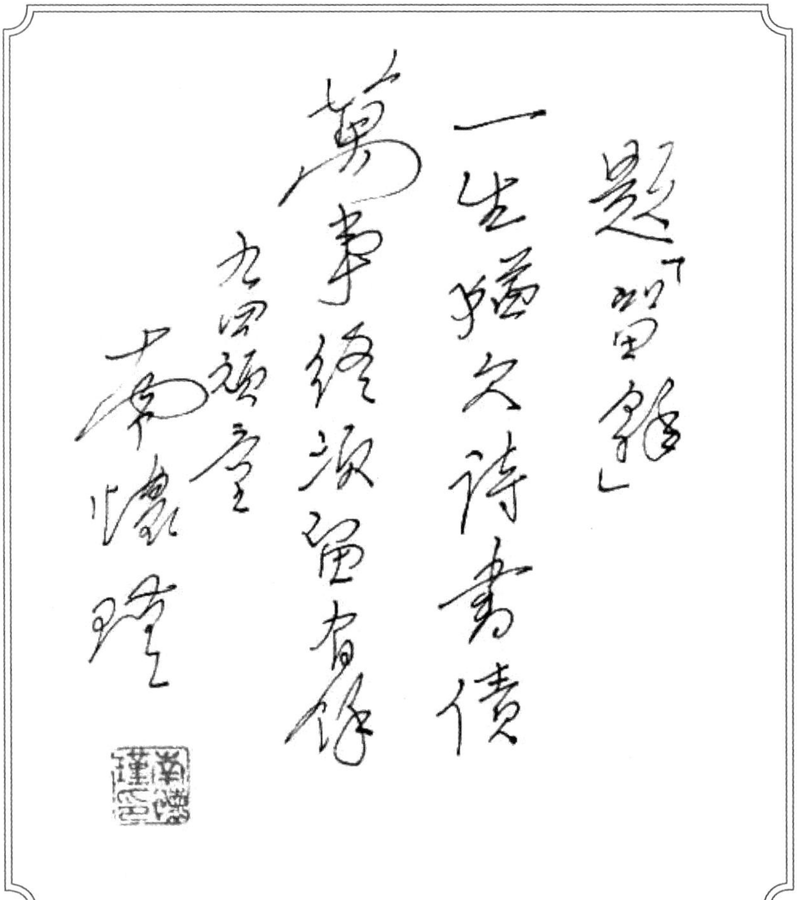

把握好教育的尺度

父亲为人谦和，总是给人一种温和友善的感觉，大多数人对父亲的微笑记忆犹新，而在我看来，父亲最能够影响人的是他独有的与人沟通的方式。有人认为这其中有什么窍门，或者说有什么大道理，但实际上并没有，父亲独有的沟通方式就是温和沟通。

温和沟通看上去确实没有什么秘密可言，但很多时候，正是最为平凡的事物中才蕴含着生活的真谛。

从世间法的角度讲，说好话、做好事都能够与人结善缘，这会让我们在将来得到好的果报。说好话在具体的实行阶段就是温和沟通。这里说的温和沟通不只是说社会上人与人之间的沟通，更多的是家庭里面父母与子女的沟通。

较之父亲教训我的记忆，我脑海中更多的是父亲温和地和我沟通的记忆。说到父亲和我的沟通，更多的是平等。有一个故事能够很好地展现平等的内涵。

早先，大人带着小孩子去超市，当大人抱着孩子的时候，孩子往往不会哭；一旦大人将孩子放在地上，孩子就会哇哇大哭。开始人们都认为是因为孩子不喜欢自己走路，就想要大人抱着，因此才撒娇大哭；后来，经过一段时间的观察，人们发现小孩子被放在地上后大哭，并不是因为他们不喜欢走路，只是因为当他们在走路的时候，能够看见的只是大人的大腿，而玩具都摆在大人的视线范围，孩子自然会不高兴了。

此后，超市开始进行改革，把货架的最底层摆上了很多小孩儿的玩具。此后，大人发现，小孩开始喜欢自己走路了。这是为什么呢？道理其实很简单，小孩儿因为个子矮，他们的视角和大人完全不同，所以把玩具摆在下面孩子看得到的地方，孩子自然就开心了。只不过这个时候，大人需要蹲下来和孩子一起看玩具。

这个道理放在父母和子女之间的沟通中也是一样。父母如果总是站在大人的立场、站在权威的立场与孩子交流，那孩子的内心会不顺畅；不仅如此，这种沟通往往也会因父母居高临下的姿态而走向失败。父母确实是教育者，但却并不能完全以教育者的口吻去与孩子进行沟通。

父亲在教育我们的时候，有时是从父亲的角度出发，传授给我们国学的知识，指正我们在学习中的错误；有时更像是我们的同龄人一样，只是比我们大一些，在一些方面比我们懂得多一些。往往在这种时候，我们能够从父亲那里获得更多的知识。这时的父亲是温和的，他不再像高高在上的泰斗，更像是陪伴在我身边的“朋友”。

这种亲切感正是父亲温和的沟通带给我的，具体来说，父亲温和的沟通表现在以下几个方面。

在读书过程中，我总会冒出一些奇怪的想法，其实仔细想来也并不奇怪，大多数孩子都会有那种奇思妙想的时刻。对于我的这种“奇妙见解”，我学会像父亲一样，在书的空白处写上笔记，这样可以在以后再次读书时，提醒自己曾经有过的思考。这就好像是让头脑解放，带着我在这片充满想象的海洋中遨游；也正是因为这样，我才能够在读书的过程中获得许多不同于其他人的见解。

这一点是与父亲分不开的。如果父亲平常都是以批判的方式来与我对话，那我的一些想法无疑将会被完全否定。父亲虽然严格却也温和，给我足够的想象空间，让我可以更好地发挥自己的想象。只不过当思想出现“越界”的时候，父亲依然会直接地指出。

在让我去做一件事情时，父亲更多会以身作则，不会对我强加要求。父亲习武，我也跟着学习过，父亲虽有要求，但却并非强令，他只是自己通过习武强健了身体，然后将这种结果展示给了我。就好像拿着糖果温和地问我一样，这样我自然没有拒绝的理由。小孩子的好动往往是天性使然，但真正肯吃苦，还是与父亲的言传身教有关。

在我犯错的时候，父亲虽然严厉地教训过我，但更多时候是通过谈话的方式让我认识到自己的错误。即使长大之后，父亲也常常与我进行沟通。这种沟通在我看来，正是一种引导，在做错事的时候需要引导，在平常时刻也需要进行引导。

古人形容孔子的君子风范时曾说：“子，温而厉，威而不猛，恭而安。”这句话主要表现了孔子的外在神态。首先可以看出，孔子是温和的，他对任何人都很亲切；同时他也是严肃的，这使得即使孔子很温和，也没有人敢在他面前造次。其次，孔子内心的道德修养让人感受到了威严，但这种威严不是凶猛。“恭而安”，是说孔子在对待任何事情、任何人的时候都非常恭敬和安详。这其实说的是孔子的温和谦恭，描述起来就是有庄严的温和，有自然的威仪却并不凶狠，这也是为什么孔子的思想能够让更多人所接受。

父亲很看重这一点，因此在日常的生活中主要传承这种家风。在南家，每个人相互之间都和和气气，这种和和气气就是一种温和。无论是父母与子女之间，还是我们与外人之间，沟通的时候都是一种温和谦恭的态度。

当我们采用这种姿态的时候，对方往往更喜欢和我们沟通，同时对方也会比平时说出更多的内容。而当我们表达自己的观点时，对方也会更容易接受，就是在这种一来一往之间，双方达成了一致的意见。

当遇到麻烦事要解决的时候，可以尝试这样的方法。首先，让自己的情绪稳定下来，当情绪稳定下来后，再仔细思考事情的来龙去脉。其次，在表达之前，要组织好自己的语言，然后使用一种温和的语气，将意思表达出去。

不要因为对方的举动而改变我们的语气，始终保持温和的语调去沟通，一步步让对方接受我们的观点。多使用几个微笑，沟通的过程就会更加顺利。与孩子沟通更是如此，每当看到父母对着我微笑的时候，虽然还在接受着批评，但心里也会舒畅许多，父母的微笑就好像是有一种温柔的治愈力量。

南怀瑾语录：不怨天尤人

人能够真正做到了为学问而学问，就不怨天、不尤人，就反问自己，为什么我站不起来？为什么我没有达到这个目的？这是自己的学问、修养、做法种种的问题。自己痛彻反省，自己内心并不蕴藏怨天尤人的念头。

训人、治人、育人、化人

父亲是个慈爱的人，甚少直接教育我们，真正的教育都是在他自己的言行之中，是一种无形的教育方式。或者说，父亲在教育孩子方面，明显有着别人所不具备的风格。

对于年轻人的教育，父亲曾用“可怜”二字来形容。因为大多数家长都要求子女拼命读课本，不许看小说，最终的结果就是孩子一个个呆头呆脑的，等到了大学，有的研究生都毕业了，对于人情世故什么的却一点儿都不懂。

父亲从小就鼓励我们去读小说，而且不喜欢我们死读书，他让我们读的小说种类丰富，武侠、传奇，什么样的小说都会鼓励我们去读。但是有些时候我们自己找来的小说，却都要提前告知父亲一声之后才可以读。在父亲看来，有些小说，如果孩子们还没有到达一定的年龄，那就不必看，看早了并不会有什么好处。

父亲认为小说看多了会更加懂得做人，也会更通晓一些人情世故。虽然小说之中的人名都是假的，但是小说里面描绘的事情，却往往都是真的，因为在我们的生活中确实会发生那些事情。只不过这些事情被作者加工整理起来，让我们更容易理解。历史上的那些人虽然都是真的，但是有些事情如果没有经验就没有办法去了解。比如说做官，如果没有做过大官，又怎么能够理解小说中做大官的感觉呢?

父亲曾说到孟子的“以正道教导子女”，当子女不听父母的话，父母就会发脾气，不是打就是骂，这样得到的就只能是一种反效果。其实，现在社会上许多家庭的教育都是一种反效果，孩子在成年之后出现的问题，很多时候都是家庭教育出了问题。

如果父母双方都比较板正，遇事不懂得变通，那教育出来的子女也多半是死死板板的。这样的子女继续教育后代那也会出现同样的情况，这是一种很明显的反效果。如果父母双方都比较严厉，那教育出来的子女就可能会出现叛逆心理，这种反效果的后果可能会更加严重。

每个父母在成为父母的时候，都还没有准备好如何去做父母。很多时候，父母往往对子女要求过高。但在现实之中，子女所看到的却是父母也并没有按照自己的要求去做，这可以说是一个坏榜样，这样的父母还要怎么去要求孩子呢?而当孩子做错事情的时候，父母如果不能采取正确的方法教育孩子，那这种教育最终就没有办法取得好的效果。

父母教育子女的时候，如果子女不听话，便生气责骂子女，这样会让子女心生不满。如果子女看到父母要求他们做到的，父母自身却并没有做到，或者说父母所做的正与教孩子做的相反，那孩子心中的不满就会不断累积。最终不满累积的结果就是孩子在个性独立时期的叛逆，也会是一般人认为是父母与子女之间的代沟。很多人认为，子女对父母的叛逆是因为一次两次的吵架而形成的；但实际上，早在子女幼儿时期，这种不服气的种子就已经播撒下了。

现在大多数青年人都不满于现实，即使是在古代，这种现象也十分常见。每一个时期的人，多半只是重复着相同的经验。现在的年轻人对现实不满，也许父母辈在年轻的时候也同样对社会现实存在不满。如果父母辈可以回忆一下他们曾经走过的青年时期，似乎也就能够体会到子女此时的心情了。

所以，青年人存在不满现状的心理是理所当然的，而父母作为一个教育者，就应该在具体方法上有所改变。如何改变教育方法呢？其实很简单，正像我调皮的时候，父亲适时适当地教训我那样，父母要学会用子女可以理解的方法沟通，才是正确的教训子女的方法。

教训和教育不同，教训要更加严格一些，即使是教育也可以严格，但教训不只包括教育，还应该包括训导。当孩子犯错误时，让孩子清楚明白地认识到自己的错误是很重要的，这个时候单纯依靠教育就很难起到作用。在教育之时，应该辅助加以训导。当然，训导是严格的，因为父母要通过训导让孩子认识到自己的错误。

就像我小时候利用鞭炮吓唬宾客，父亲就用藤条硬生生地对我施加家法。这确实让我领略到了调皮的苦楚，自那以后我也就很少调皮了。其实，在整个过程中，父亲除了用藤条教训我之外，还详细给我讲述了我做法的错误。当时的我似乎并没有完全理解父亲的意思，但现在回头想想，我能够在那之后不再调皮，并不完全是父亲藤条的“功劳”。

父亲的藤条所起到的就是训导的作用，而父亲的话语则教育了我。许多家庭的教育方法存在一些问题。这些问题主要集中在“训导”和“教育”的比重上，往往是训导太多了，教育太少了；或者也可以说没有教育，只有训导。

子女犯了错误，严重一点儿的，父母会直接加以训导，又是打，又是骂。但训导之后却忽视了教育，打过骂过之后却不给子女讲道理。这就很不正常，子女心中的不满就这样累积，错了却不知错在哪里，这放在谁的身上都会不满。

训导是必要的，因为这种严格的方式能够让子女认识到事情的严重性。但训导之后要给孩子摆事实、讲道理，因为这种温和的方式能够让子女认识到自己的错误并且加以改正。

教训就是训完再教，二者缺一不可，相辅相成，任何一点没有做好都容易起到反作用。因此，在教育子女的过程中，父母要好好把握这两点。

南怀瑾语录：子女的禀赋性向

现在的父母对孩子们的教育，只是过分宠爱关心，反而对子女的禀赋性向都没有深切关注。我个人的经验，看了古今中外，全人类几乎都一样，都会犯这个错误。不过外国人好一点儿，中国现在这一代太过分了。“知子莫若父”，实际上，对儿女的禀赋性向，做父母的不一定看得清楚，因为有偏见，有偏爱。

教育的最高境界，与天下人同亲

“大道之行也，天下为公，选贤与能，讲信修睦。故人不独亲其亲，不独子其子，使老有所终，壮有所用，幼有所长，矜、寡、孤、独、废、疾者皆有所养，男有分，女有归。货恶其弃于地也，不必藏于己；力恶其不出于身也，不必为己。是故谋闭而不兴，盗窃乱贼而不作，故外户而不闭，是谓大同。”这是《礼记·礼运》中的内容，所讲的是“天下大同”的思想，其中“故人不独亲其亲，不独子其子”这句话读起来很有感触。许多人知道，我父亲也曾说过“视天下人如子女，视子女如天下人”这句话，在我看来，二者有着异曲同工的韵味。

父亲这句话对我产生了很大的启发，对我个人视野的拓展也产生了极大的帮助。现在有很多人抱有“天下人与我何干”的想法，殊不知血缘关系并不是连接人与人之间的唯一纽带，天下人的亲缘其实都彼此相连，本就不必区分。

这两句话其实是袁太老师的老师张凤篪先生说过的，清朝大儒龚定庵似乎也说过这样的话，传承到了父亲这里，现在父亲又传承给了我。这种传承并不是子女在一出生就完成了的，即使是只言片语的教化也并不能很好地被孩子所吸收，更不要说是这种并不容易理解的思想了。

如家教家风一样，思想的传承需要经过传授和承接两个部分。传授的人必须要有心为之，承接的人也要有能才行，否则看上去有缘，但实际上却并没有分。父亲有意将这种“天下同亲”的思想传授给我们，但年幼的我们并不能完全理解其中的意味。

记得小时候，过新年的时候，父亲总是带着我去他的老师胡庸先生家，我们都称胡先生为胡公公。在那里，父亲会让老人家为我们这些小孩子卜一卦，算个命，然后就拿出事先准备好的红包，让我们送给胡公公。父亲对胡公公的卦并没有那么偏信，我们小孩子也只是出于好奇，倒是每年给胡公公送红包的事情总是记忆犹新。用这种方式把润笔给胡公公，这就是我父亲的心意。

在当时想来这似乎没有什么特别，但现在回想起来，便能够体味父亲的良苦用心。一方面，这是他对胡公公的一番好意；另一方面，倒也是给我们这些小孩子安排了一个活动，让我们能够与老人家有个互动，平时可没有这样的机会。

因为父亲“视天下人如子女，视子女如天下人”，所以我很自然而然地了解到，我就是“与天下人同亲”的，这份带着“民吾同胞，物吾与也”相同理念的态度，就是父亲留给我们最大的遗产。对我来说，父亲给予的不单单只是生命的智慧，更多的是与众生所结的善缘。

父亲很看重这种善缘，以至于传到我们后辈这里也是如此。看父亲的照片，最多的就是他嘴角带着微笑的样子。在父亲看来，这是一种与人为善的表现。微笑其实很简单，但人们却很少会拿它来用。殊不知，微笑的力量抵得过金钱和权力，这是说人与人之间平凡的交往，微笑就是最好的语言。

除了微笑，父亲常常教别人要懂得“送礼”，这种“送礼”和现在大家所理解的送礼有很大不同。现在的送礼大多是为了疏通关系，走走后门，其中并没有什么情义的味道，更多传递的是一种利益。利益与利益之间要靠送礼来维系，这也是扭曲了送礼的真正意味。父亲所说的送礼，意思是以送礼的方式表达适当的感谢。

关于送礼，父亲与首愚法师曾说过：“你不要以出家人、大和尚高高在上，要通世间法，要懂送礼，逢年过节别忘了。”父亲以前在复青大厦九楼的时候，连大楼管理员都收到过父亲的礼物。父亲的礼物没有利益关系，总是平等地给予每个人，大楼管理员一样，名声显赫的人也是一样。

这种“天下一家亲”的家风从父辈传来，到了我们这里也未敢忘记。逢年过节去拜访亲友，平常时间和街坊邻居聊天交流，虽然不存在血脉之间的关系，但由于父亲的影响，我们喜欢与每一个人结交善缘。

在父亲眼中，拥有健全人格的人，首先需要能够看到众生的优点和长处，同时也要常常反省自己。不要过于看重自己的自尊，父亲认为修行的人就不要太有自尊，自尊心强的人往往就是太自卑。一些在修行上有些境界的人，就容易看不起别人，自己有些文化水平，就看不起其他人，这往往是心态上的问题。

而我理会出来的“与天下人同亲”的家风正是为了避免出现这种状况：一方面是要我们广结善缘；另一方面则是让我们不要过于高看自己，而去轻视别人。即使自己在某一方面确实存在过人之才，也要放低自己的姿态，世上没有全能完美的人。

我说的“与天下人同亲”，也就是要爱天下人，将天下人都当作自己的亲人一样，我们如何对待自己的亲人，就去如何对待其他人。如果天下人都能够这样去做，那这个世界将是一个美好而完美的世界。当然，这是一种美好的想法，只有每个人都能够去亲身实践，它才能够变成一种现实。

南怀瑾语录：质直心

质直心就是朴实、不弯曲的心。有些同学讲话常挨我的骂，他说起事情来不直，转了半天的弯，本题都没说到，我又忙，其实一句话就说清楚了嘛！又有的人喜欢讲些讨好的话，有弯曲心，我一听就知道。不需要向长上讨好，因为要讨好，常常会做错了事。

第八章

不离世间法，父子有温情

为人子，亦为人父

人是可以自我成就的，只要有适当的呵护，我们都有可能顺利走完一生。这个世界上无父无母的孤儿甚多，他们当中也有许多有成就者。所以，生命本身有一切可能。父母或许是助力，也或许是阻碍，一个人的成就还是以其认知来决定。

母子关系是先天的、自然的，但父亲的角色则需要通过争取才能得到，需要花时间去参与子女的成长才会被认可。

一个人的生命是有限的，若是分给工作、贡献给国家的时间多，自然分给家里的时间就会少，这需要家庭的支持，才可能成就栋梁人士。这些父亲对家庭的参与虽然少，可并没有缺席，他们用书信、用口讯来教导自己的子女。就算不能时时有父亲的陪伴，但是有父亲以口讯、信件、录音、视频等形式的关怀和爱，也能够温暖一个孩子的心。有心为父的才是父亲。

成功的父亲往往是缺席的，但他能起到榜样的作用。当然，母亲也要认可父亲，父亲才会得到孩子的尊重。一个被母亲认可的父亲，孩子往往能够很自然地接受他。如果母亲不认可缺席父亲的努力，那么孩子必然也不会认可，除非这位父亲和孩子有其他较深层的互动，孩子才会和母亲有不一样的认知。

中国社会上始终有“慈母严父”的观念，较之母亲对孩子的温柔，父亲更多在扮演着严格的角色。

当然，在我看来，这个观念是应该被修正的。修正不是批判，而是随着社会群体关系的发展而做出改变。权威性的家庭结构关系在现代社会已经不能立足了，没有什么母亲应该慈爱、父亲应该严厉的固定架构，许多的“虎妈”更胜于以往的严父，还有许多父亲对孩子事无巨细的爱也超越了母亲。

都说作为男性的父亲，承受的社会压力很大，但他即使工作再忙再累，也一定要参与一些家庭事务，比如洗碗、扫地、擦窗户等，不要把所有的家事都交给母亲一个人来做。在一个健康的家庭关系中，父亲对母亲的态度是非常重要的。在孩子面前，父亲对待母亲一定要有尊重的态度，父亲尊重自己娶的女人，孩子也同样会尊重母亲。父亲的行为决定着孩子将来对待家庭、母亲和其他女性的态度。父亲必须要做一个比较好的榜样，才能养出一个生理、心理都比较平衡的孩子。

理想的状态是所有的亲子关系都是相辅相成的关系。父母对子女不能有占有心理，子女也不依赖父母，双方都享受彼此的缘分而不强求，那么家庭的人际关系可能会轻松些、和谐点。

父子之间应该相互关怀，彼此尊重。关怀，是因为有情，养育、教育都应该充满感情。尊重，是因为双方地位平等，虽是父子，却不应该有从属关系，对于彼此的态度应该互相尊重，做一位尊重小孩的父亲，让孩子有尊严地成长；做一个尊重父亲的小孩，维护父亲的尊严。

当然，在孩子还没有成年时，父母对孩子应该是以辅导规劝为主。父母也要避免越俎代庖。适当的解说和敢于让子女去犯可以挽救的错误，让亲身的体验成为子女的老师，也能够维护良好的亲子关系。

父亲在我心中，既有慈，也有严，更多的是“智慧”，这实际上超越了一般的世俗观念。可能是我和我父亲的缘分不同，我们彼此都能够用出世的精神来体会入世的父子关系，所以无碍于世间的理解。

我父亲被社会大众誉为国学大师，这是社会对他的厚爱，父亲个人是不接受的。人之患，好为人师，南家家风里没有此患。我对传统文化喜好，甚至略有偏执，是我自小的倾向。

这点当然与我的出身家世有关，如果不是出生在一个坐拥书城的环境，或许我对文化的理解会有不同的倾向，在我追求智慧的过程中也会有更为曲折的艰难。我的幸运是有这样一位父亲给我启蒙，也有好学不倦的身教给我启发。所以，父亲对我的教导和影响是我人生最加分的增上缘。

人到中年，几乎每对父母都是上有老下有小，这其实是一种幸福。每次回去看望父母，都感觉自己其实还没有长大。在“注意身体”“少熬夜”“少抽烟”这样的唠叨中，心里更加温暖，这些记忆深处熟悉的声音让人无比开心。

在父母面前，在孩子面前的逞强全部被丢弃，一切又可以回到如孩童时的无忧无虑。想着爱吃的东西，一举一动都不需要伪装。即便寒风、暴雨来了，亦不用去寻找躲避的地方，因为这里便是寒风吹不到、雨水打不到的港湾。

是的，父母是心中永远的港湾、安全的归宿。不管子女与父母相隔多远，子女都能感受到，他们其实一直在我身边，就在触手可及的地方默默呵护我们。

我早已为人父，但依旧用心地传承着这种爱。与父亲一样，我对子女所谓的前途和金钱看得很淡，只期望把关爱、自信、努力、健康及我认为做人所需的能力倾注给孩子。我自认为付出了最好的，正如父母给我的那样。

孩子长大之后，总有一天会步入社会，就像父母去工作的时候一样。只有此时，子女才能真正明白当初父母的感受。子女出去闯荡，没办法陪伴父母左右，只能抽空回去看望他们，就犹如父母工作劳顿之间还要照顾子女一样。我不要求子女养老，孩子长大以后，我希望他们能拥有自己的天地，虽然对他们的生活挂心，但是更为他们的独立成熟而高兴。这便是可以传承的爱。

现代社会的生存及竞争压力，经常会成为一种无法推脱的理由，我们都是为人子女亦为人父母，珍惜彼此的缘分吧！

南怀瑾语录：朴实无华

讲到朴实无华，那是最为重要的，不管是心理、生理，或者是行为上，都要修养到"朴实"。不加妄念是基本的修养，人性本来就很朴实，所以不朴实的人，是被后天环境污染的结果。

“天纵之资，本来面目”

我父亲好读书，也好收藏书，家中确实是藏书万卷。我目之所及的都是书，也非常习惯书籍的气味。从小随着父亲看报纸，曾经有剪报收藏文章的习惯；而且从小就坐在大人会谈的圈子边，喜欢听他们谈天说地，悠游在我未知的领域。

我个性喜欢独处，读书就是我排忧解闷的方法。我父亲又是每天读书不断的人，我也习惯进入他的书房，找书看书。中华文字是会让人上瘾的，每一个字都迈向广袤的宇宙，读书为我打下了喜好中华文化的基础。

然而，真正了解却是有待机缘的，人生的经历会培养出理解能力，经历得越多，助力就越大。所有童蒙时期的记忆，在适当的时间会拼凑出坚实的基架，而我的基架就是中华文化的中心思想。

我用“天纵之资，本来面目”来形容自己的父亲。这个“天纵之资”是有一点儿属于形而上的表述。中华文化有三才之说。三才者，天地人。在中国人眼中，天绝对不是头顶上的一片蓝天，它是有思想、有意志、有喜怒哀乐的。中国人的天蕴含精神、气质，是一切事物的主宰，所以有“天子”，天的儿子。“天纵之资”就有这个意思，即上天赋予的才智、财富。

我们每一个人都有过去的痕迹，推而论之，就是每一个人来到“此时此地”，都已经有了大致重组好的资质，所以人的资质天生就有所不同；加上后天的经历，也有了差异。

相同的事情，因为人的资质差异，处理起来会有不同的反应与结果。学习效果也如是，资质不同的人学习吸收速度不同，有天资的人，轻轻松松就能学得很好；先天愚钝的人，再努力，也不会有太好的效果。我用“天纵之资”来形容父亲，正因为父亲的资质天生良好，父亲也因此有了能够解说我们中华文化精髓的能力。

至于“本来面目”这句话，更有比较深层的意思。中华文化说到要“格物致知”，就是要能从形声、文字等束缚中脱离出来，先要能“格物”，看破一切既有存在的本质；然后才能“致知”，达到初步智慧的开启。这个格物的完成，才是见到本来面目的初始。科学研究一直追求的目标也是想要通过对世界万物的研究，探索宇宙的本质。道家也有“元始天尊”这样的概念，假借一个相而求无相，而中华文化对这个起始的探讨就是其优越之处。

我了解父亲是格物致知的人，所以才用“天纵之资，本来面目”来形容他。他以本来面目示相，是因为他已经了悟了世间的本来面目。

很多人问，我父亲对我的教育究竟是宽松的，还是严格的。其实，父亲的教育方式既宽松也严格，更多的是无为。

父亲在我四五岁时对我进行比较严格的督导，再大一些都是无为而为的教导。比如我小的时候，父亲用中国的著名小说熏染我的忠义思想，也拿外国的儿童名著丰富我的想象，更用许多的侦探小说促进我的理性思维。我上学时，父亲对我的成绩并没有什么名次要求，但每一次联考都陪我在夏暑的高温下赴考。可以说，父亲对我的学习是无为而关怀的，所以我基本上也都考得上好中学、好大学，算是学习上的成功者了。

至于课外的教育，我可以在家里的书海里任意遨游；也可以到处经历生活，四处游荡；还可以和父亲一起逛书店、喝咖啡、上馆子，学得一些社会经验。就这样，我完善了我的人格。

说实话，我一生困难不多，因为我本无争无求，除了青少年时有实物性质的事，我未曾向父亲求助过。可是，我从父亲那儿学到，君子应该懂得居安思危，更重要的是不应该自陷险境。有如孔子所说“危邦不入，乱邦不居”，需要有广博的见识，可以预判事务环境的变化，从而做出适当的反应。

纵观我父亲的一生行止，他真实地做到了，这对我有非常大的启示。

我和父亲都喜欢阅读，我们也喜欢武侠小说。曾经我们分享彼此阅读过的武侠小说。其实我父亲也喜欢看电影，我小时候也和父母一起去看了许多电影，我记得最后一次和父亲看的电影是《滑铁卢战役》。父亲与我都非常喜欢历史，这是我们共同的爱好。我也喜欢到父亲的书房溜达，翻看父亲的阅读书目，欣赏父亲的佛像收藏。

父亲一生对我的教导颇多，有很大一部分，我都传承到了自己的子女身上。

比如我一向化繁为简，让子女无为而智，不是无为而治。我以相同开放的心态让子女有空间决定自己的未来，让子女自由地学习充实他们的智慧。

从小，我便鼓励他们冒险，独立去探索世界。一次，我们在饭后烛光会谈，我告诉子女我对他们只有三点要求：“成为一个可靠的人，成为一个守信的人，保持一颗包容的心。”可靠就是有义，守信就是有忠，懂得包容就是不判断、不分别。

他们当时才十几岁，这些要求至今未必依然记得，可是他们的行为确实不偏离这些原则。如此，我心足矣。

南怀瑾语录：以直报怨

孔子主张“以直报怨”，你打我一拳，我踢你一腿，总可以吧！你打我一耳光，我原谅你，吐一口唾沫还你，总可以吧！你打我，我当然不痛快，我当然还你一个颜色，这是孔孟儒家的思想。

學問之理念為學生
啟發自覺覺他之慧知

淨名會主 南懷瑾

对学生，因材施教；对孩子，因缘施教

在家庭教育中，父母可能觉得亦父亦师是好的，可我个人不赞同这种观点。良好的家教未必是亦父亦师，而是亲情的智慧交流。我的经验与观点是，父母所教并非以老师的角度来教，而是随时以身化教，由孩子通过观察来学。

某种程度上讲，不是父亲教得如何，不是父亲强迫我接受他所教的东西，他的观点、思想；而是我的理解能力如何，我学得怎么样。父亲对我的教育，就是引导、开悟，我从来没有觉得父亲是师，他是永远的父亲。

或许有人依旧不明白。没有关系，这也看个人因缘。讲得明白一点儿，就是我的父亲认为“易子而教”是比较有用的教育原则，这是孟子很早就提出来的观点，所以我的父亲是以父亲的角色，而不是以老师的角色与子女交流。

良好的家教是适当、适合而能够被子女所接受的。我从来没有感觉我父亲是我的老师，我感觉他就是我的父亲，他所传授给我的智能，不只是后天的讲述和身教，也有先天的因缘交感。

父母和每一个子女的缘分是不同的。

父子之间的交流，有“授与受”的问题，我在许多次演讲中说过。教导的“授”如果没有遇到理解的“受”，那么就会有

冲突，未必能达到有效学习的效果，而只会觉得是“老师”的要求。教导的“授”如果遇到顺势的“受”，那么犹如水过无痕，这其中就没有教与学的痕迹了，这样的教与受才是最上层的方式。

父与子如此，夫与妻、母与子亦如是。这是一个家族的传承，影响到家族中的每一位成员。

有人说，十七岁是父亲修行历程上的一个里程碑，我更愿意说这一年是他人生的一条分界线。因为在这一年，父亲结婚了，而且有了自己的第一个孩子，大哥南宋钏。

漂泊平生负孝慈，劳君艰苦费撑持。
辜恩有愧难为报，松柏春阴应较迟。

上面这首诗作于1981年端午节前，写在父亲给青梅竹马的结发妻子，即我的“大妈”王翠凤女士的一封信中。父亲的原配夫人王翠凤，比他年长几岁，实际上也是他的表姐，他们的母亲是亲姐妹。

在父亲还只有十来岁的时候，两家就订下了这门亲事，可谓亲上加亲。以现在的观念来讲，这其实并不符合优生学理论，不过当年，表兄妹结婚在温州并不少见。

婚后，他们先后生下了宋钏、小舜两位兄长，所幸二位兄长都很健康。只是父亲长期不在身边，两人均未受过完整的学校教育。加上时局不济，家道艰难，宋钏哥很小的时候就外出打工谋生，常年不在家乡。

小舜哥在家陪侍祖母和大妈，后来自学中医，成了温州小有名气的医生。宋钏大哥、小舜二哥兄弟俩，一个为人豁达，爱讲笑话；一个严肃沉稳，刻苦自励。后来父亲与大妈还生了一对双胞胎，可惜夭折了。父亲对大妈一直非常感激，称她为“观音菩萨”。

大妈为人善良、孝顺，父亲离开家乡后，一直是她在照顾祖父母和两位兄长，彼时的大陆常年战乱不休；而后的数十年又经济落后，物质匮乏，个中困难，可想而知。除了大妈为操持一家人的生活付出的艰辛外，还有一件事颇令人动容。

祖母生前，大妈每天都要为她梳头洗脸，每次梳完头后，都将她散落的头发细心地收藏起来。后来，大妈将收藏的这些发丝交给发绣艺术家魏敬先先生，他用祖母这些散落的头发绣了一幅祖母的肖像。当父亲看到这幅绣像并知道其来历时，感动万分，失声痛哭，在祖母的像前长跪不起……

父亲自己十七岁离开家乡，其后只回来过两次，在外面漂泊了几十年，没有机会孝敬父母亲，全靠留在大陆的大妈侍候公婆，抚养孩子。特别是后来，祖父蒙冤入狱，供养整个家庭的重担就都落在了大妈身上，她到温州给人家当用人，一个月赚五六块的工钱。为了补贴家用，两个只有十几岁的孩子，也要出去做零工。后来，大妈为了更好地照顾祖母，辞去了在温州的用人工作，回到老家摆小摊维持生计。

要不是中国女性特有的坚强毅力，她也很难活下来；要不是她独力撑持，她的孩子、家庭不知会落到什么境地；要不是她的细心照料，祖母根本不可能活到一百岁。

对大妈的恩德，父亲自觉难以报答。两人五十多年的夫妻，真正相聚的时日太少，满打满算也只有两年。之后，在香港再相逢也只有两周，家国之变，个人遭际，都已是沧海桑田，唯一不变的是两人的相逢一笑和彼此理解，这些都不禁令人唏嘘感慨。

大妈用自己的言行，默默地指导，大哥和二哥非常“受教”。

父亲对我们四兄弟的教育方式也依各自的因缘，有不同的教育方式。不记得其他兄弟姐妹有没有从古文入手学习，我自己幸运地有这样的机缘经历，接触到传统的童蒙教材与优美的古文，从而奠定我成为中华文化读书人的基石。

并不是因为我父亲坚持弘扬中华文化而对我产生了影响，而是懂得中华文化以后，我的人生自然而然地就有了中心思想，从而进一步地学习体会，追求对人性、人生的理解。这样我就能知道为什么我父亲会坚持弘扬中华文化。现在的我也是坚定的中华文化的维护者与传播者。

就像我说的，父亲并不是老师，但父亲在家风家教的传授方面，却起到了任何人都替代不了的作用。

南怀瑾语录：福祸相依

《易经》告诉我们，万事都是相对的，没有一样是绝对的，没有哪样是对的，也没有哪样是不对的，有时要偏一点儿才对，有时偏一点儿又是错了。……损的反面是益，损了这一边，就益了那一边，福祸是相依的。

家教，让伟大变平凡

我小时候是个多愁多病身，耳鼻喉天生不好，常常要麻烦父亲带着我去看一位叫王老得的耳鼻喉科医生。我的鼻子经常会出血，喉咙、耳朵也总是发炎，三天两头就要去看医生，拜访王医生就像拜访朋友那么频繁。

更惨的是，我从小牙齿也不好，又爱吃糖，半夜三更常常疼得睡不着。父亲被吵醒，就带着我坐三轮车去看牙医。那个医生最后也成了熟人，不过名字我已经记不得。

我这个身体虽然给父亲添了不少麻烦，但回想起来，子女之间，问题最多、摩擦最多的，反而往往同父母最亲近。我直到二十五岁才离开父亲，算是受父亲言传身教、耳濡目染最久的，对父亲的处世之道也最有体悟。

我从小也知道自己是一个修行人，帮父亲断六亲，其实也是在帮自己断六亲。此亦是度尽众生，本无一人可度。父亲和我总是无须言语道断。

父亲对我们不但是启发式的教法，同时也会保护家人不受无谓的欺凌。我上小学的路上，要经过一个老式的菜市场，那里时常会有些粗鲁的人滋扰路人。

有一次，我被一个体格壮硕的小男孩无理阻拦，还吵了一架。回家后我将此事告知父亲，他马上带着我回到现场，向对方家长说明情况，在看到那个男孩的父母斥责男孩后才回家。一个父亲对子女的正当护持，是孩子心中永远的温暖，也是最珍贵的亲情礼物。

父亲对待万物众生的“平等心”也同样令我感触良多。记得我读高中二年级的冬天，父亲突然带了一只小狗回家。那只小狗是吉娃娃和北京狗的混血品种，刚出生不久，只有巴掌大小，模样甚是可爱。按照中国的传统习俗，小孩子取个土一点的名字会更加有福气，于是父亲和我决定叫它吉利。

此后，它几乎与我朝夕相处，白天钻进我棉袄的大口袋里，晚上也和我一同睡在床上。

其实，我不喜欢养宠物，因为自己是一个尊重自由的人，所以会觉得对它所谓的宠爱，其实是对自由的限制。我对它宠爱、纠缠，反而令它试图躲开我，摆脱我的控制。而这或许也是酿成吉利惨死悲剧的原因之一。

当时我们住在金华街，有一天晚上七八点钟，天色已经很暗了，我带着吉利出去散步，心念一动，突然觉得每次都用绳子拴着它，它好可怜啊，于是便松开项圈的绳子，让它自由地跑一会儿。

绳子刚一松开，它就跑到了外面的街上，此时一辆大车疾驶过来，车轮轧过吉利的脖子。吉利当时便口吐白沫，很快就咽气了。我不由得痛苦万分，赶忙把它抱到路边的电线杆下，回头发现那辆车还是在快速往前开。

于是我跑到路中间，拦住了一辆摩托车。我眼含着泪，冲着那个骑手大吼：“那辆车撞死了我的狗，帮我去追他！”那个骑手真的载着我在大街小巷间疾驰而过，去追那辆车子。

那辆车的车主也很善良，不住地和我道歉，说他没有看到吉利，还让我坐他的车子回家。父亲看到我抱着吉利的尸体泣不成声，也没有再说什么，便让车主回去了。他见我哭得那样伤心，便和我商量怎么处理吉利的尸体。

父亲按照台湾“猫死挂树头，狗死随水流”的习俗，找了一个纸箱，用自己的衣服把吉利包起来放在里面，把它从淡水河的某个水门边送了下去。父亲还为吉利念《往生咒》送行。

如今想起父亲的温情与仁慈，我依然觉得很是感动。许多人口口声声说着众生平等，也会花钱去买些金鱼来放生，但能像父亲这样真正以平等之心尊重每一条生命的，却非常少见。而这件事，也让我懂得了许多与他人相处的道理。

父亲的这种慈祥并不意味着对孩子无原则的放纵。事后他还是批评了我在外没能用狗绳约束它，因为狗不懂得交通安全问题。在某些方面，父亲十分严格。当我恶作剧，用鞭炮把客人吓哭时，父亲会打我；当我高傲迷失时，父亲会毫不留情地谴责。父亲要求我从小背诵《三字经》《千字文》《古文观止》《千家诗》和《唐诗三百首》，但不像许多读经私塾那样让孩子不堪负荷，且教学方式过于呆板严厉。他要求一次背诵的量并不多，而且给了我一个良好的读书环境。他阅读各类书籍，让孩子坐拥书城，自然而然地受文化气息熏陶。父亲并未望子成龙，从没有以学历论人，而是“儿孙自有儿孙福，莫把儿孙当马牛”的实践者。

不过，父亲更讲求为人处世的态度，他一向认为真正的学问就是做人做事。

南怀瑾语录：顺其自然

顺着天地自然法则，道的自然变化而变，不勉强，不抗拒，一切过去的不想找回来，未来的也不抗拒，自然而来，自然而去。

己卯季秋為幼兒學園書

教育之目的為後世
造就利國利民之人才

身教，让平凡变伟大

以性格特质为导向的教育，就是孔子说的“因材施教”。

> 子路问：“闻斯行诸？”
>
> 子曰：“有父兄在，如之何其闻斯行之？”
>
> 冉有问：“闻斯行诸？”
>
> 子曰：“闻斯行之。”
>
> 公西华曰：“由也问：‘闻斯行诸？’子曰：‘有父兄在。’求也问：‘闻斯行诸？’子曰：‘闻斯行之。’赤也惑，敢问。”
>
> 子曰：“求也退，故进之；由也兼人，故退之。”

这是什么意思呢？说的是孔子有次授课完毕后，就回到了自己的书房。学生公西华为孔子端上一杯水。这时，子路匆匆走进来，向孔子讨教道：“先生，如果我得知一种正确的主张，我可以马上去做吗？”孔子看了子路一眼，慢慢说：“既然你家里有父兄在，怎么能听到就去做呢？应该跟父兄商量一下。”

子路刚出去，另一个学生冉有也来到孔子面前，恭敬地问：“先生，如果我得知一种正确的主张，我可以马上去做吗？”孔子立刻回答："对，应该马上去做。"

冉有走后，公西华有些疑惑地问："先生，子路和冉有问了您同样的问题，为什么您给出了相反的回答呢？"孔子笑了笑说："冉有性格谦逊，办事总是犹豫，所以我鼓励他临事果断；而子路性格逞强好胜，办事总不太周全，所以，我就劝他碰到事情多听别人的意见，要三思而后行。"

我父亲对每一个孩子的个性非常了解，在对我们的教育上也就各有因缘。

我知道父亲和我的缘分是在思想智慧上的启发，所以虽然我父亲强调易子而教，对我却有所不同，我从小就有机会在父亲身边接受父亲的教学，从中华文化的童蒙学到出世法的大智慧，我都有机会听他亲自说法。参与父亲主持的禅七活动，是我记忆中极为深刻的回忆，从而形成我成长中最有力的影响。

至今，我能够和大众分享一部分文化知识、人生智慧，也同父亲亲身的教导有关。由于父亲深刻地了解子女的性格特质，我才有机会对自己最感兴趣的方面做一番了解、思考，才得不枉此生。

就禅学方面的教化而言，父亲与其他人的教法大相径庭。

许多人教禅的方法，统统一样，对于任何问题，都从高处入手，没有从问道人的理解入手，同参道友的答复也都是完全一样。这不仅禁锢了学人的思想，也失掉了禅本身空灵的意味。父亲的教化，绝不是持方枘而内圆凿，而是完全因人而异，完全发挥学人各自的长处，将禅学自由空灵的本质淋漓尽致地表现了出来。

因此，追随父亲的学人虽都是听着同样的授课内容，但父亲对他们课后的教导，却是因人而异。这就是父亲在教学上妙用存乎一心、教化因势利导的智慧。

每次开课前，父亲都会让新来的学生提前两日与他见一面、谈一谈，以期对每个新生的思想、学习习惯、脾气秉性及用功的程度等先有个了解，然后再因材施教。每每学生一开口，父亲立刻就会知道这个学生的境界，甚至有时不必开口，只消上下打量那学生一番，就对其人了然于心。大致了解学生的情况之后，父亲便找准时机，对不同的学生予以不同的教化。

有一次，父亲问一位研究生："府上是什么地方？"该生顺口就回答说："我府上是……"父亲听后，非但没有怪罪这人的答复不得体，反而自责，认为自己为人师，却未尽到责任，没有将这些应对的礼貌认真地教给年轻人。于是，父亲很和蔼地给他纠正，教他应该如何回答。类似的例子比比皆是，不胜枚举，父亲也从不会放过这样的机会。

在因材施教的过程中，家长应当扮演这样一个角色：一定不要把自己当成旁观者或者不相关的人，父母不应错误地把教育只当作学校和老师的事情。

在对子女的教育中，父母要向老师汇报学生在行为表现方面的真实情况，并且配合学校，为子女制订相应的教育方案。

父母需要参与到子女的学习和活动之中，这样才能发现孩子的优缺点，才能做到及时鼓励其优点，纠正其缺点。父母切记，有问题需要当即与孩子沟通，不要"秋后算账"。

此外，父母也要引导或纠正子女的兴趣、爱好和志向，但却不能把自己的兴趣、爱好和志向强加在一个未成年的孩子身上。

夏完淳子承父志师志慷慨赴死；鲧、禹父子二人受命于唐尧、虞舜二帝，负责治水事宜；王献之自幼向父亲王羲之学习书法，被称为书法"二王"；苏氏一门三学士，从父亲苏洵到其子苏轼、苏辙，都是文豪，并称"三苏"……中华民族是一个强烈崇尚"子承父志"的民族，也正因此，中华文化才能源远流长、生生不息、不可战胜。父亲在孩子的成长过程中往往会是其第一个精神、人生导师。在古代，父亲主外，母亲主内。父亲的生活阅历、社会经历等形成一个家族的经验，薪火传递；母亲关注孩子的启蒙及吃穿用度等，所以才会有一个家族的家书、家训和家风、家教。但在中华文明的历史上也实实在在演绎过因逼迫子承父志而发生的悲剧。这一则是父亲教育的缺失；二则父母对孩子“子承父业”更多的是强迫，导致孩子“即使父母再成功，我也想要和你有不一样的精神或社会价值”！

父母只有给孩子更大的空间，让他们自由地成长，孩子才会发扬自己的创新意识，给父母带去欣喜。反之，如果父母对子女一味责备、反对或不重视，这样的打击也会让人陷入无助的境况，让孩子破罐子破摔。

做一个有责任心、有爱心且懂得欣赏的父母，才是“望子成龙”的根本保障。可见，因材施教对家风家教确实具有非常重要的意义。

我大哥南宋钏于 2017 年 11 月 2 日过世，我为他写了一篇悼文，其中有一段：

> 大哥天性温和，个性良善，无争胜之心，有宽容之德。虽少乏庭训，然慈爱天成，有为有守，秉直不阿。与人交，多谦让；于己身，多简约。正当处，虽至亲不让；权宜时，可无我求全。且乐天知命，历诸多困苦伤痛而不怨，经万般打磨打击而弥坚，身清贫却心不穷，命多舛但义无缺。

我二哥南小舜于 2017 年 9 月 1 日过世，在给他的悼文里，有一段：

二哥一生聪敏，幼时赴台，在父亲经营生意时曾为父亲小帮手。在大陆自学成才，命重乡里，廉受医诊费用，体恤患病乡亲。二哥自台湾返乡以来，刻苦自励。与母亲力同心，照顾祖母，维持家业，期间历经变故，苦不堪言。然小舜哥乃坚毅之人，非但不为时局困顿所制，反而惕厉自省，自学自救于文字，精心研读于中医。举一而反，穷究而通，不仅深通医理药理，更有胜者，了悟而创新，用药不限旧方，诊断不拘常见，解宿疾之苦，济将病之衰，天命之年持壶行医乡里，大利老弱群众；薄收诊费，厚待病家，虽然名声不著于媒体，毕竟道义深入至民心。

我大哥、二哥尽管和父亲相处的日子屈指可数，但他们一生都遵循父亲的教诲。父亲做的事，都不是从个人利益出发，我们南家的子女也不会利用他的光环，以私利而违背他的教导。若是从传统父慈子孝的观念看是不可能理解的，但是有修行出世的了解，就很清楚这层关系。

南怀瑾语录：了不起就是平凡

人没有谁算聪明，谁又算笨，笨与聪明只是时间上的差别。所谓聪明人，一秒钟反应就懂了；笨的人想了五十年也懂了。这五十年与一秒钟，只是那么一点差别而已，所以了不起就是平凡。唯大英雄能本色——平淡。

水流花謝皆聲色
雲淡風清天籟音

九旬頑童
南懷瑾

第九章

家风是一家人的事，更是天下人的事

童年启蒙，传统传承

在品德智慧的传承中，在家风家教中，榜样的力量来自师长，更来自父母。

父亲在十二岁时便会写诗了，这原本没什么稀奇，因为他天资聪颖，平日里读诵的又全部是古诗文，私塾里教的也都是传统的作文方法，训练得当，对写诗有自己的独到体悟，因而，会写诗就成了自然而然的事情。

但是，他的诗作得好，不仅在文采上超出同龄人许多，而且在意蕴上也别具一格，这其中很大的一个原因，就是他有一个学问了得、功力深厚的启蒙老师——朱味温。名师出高徒，作为知名的民国诗人，朱味温先生精心教导出来的弟子自然不会逊色。

朱味温先生十八岁时就读于乐清县城里著名的梅溪书院，师从“东瓯三先生”之一的陈黻宸与当地名士黄鼎瑞。朱先生学问很大，不过生不逢时，考功名时官场黑暗，自己一没有钱财贿送，二没有人疏通关系，自然是落了榜。心怀愤懑的他到处游历讲学，结识了不少名士，也培养出了许多人才。

在多年的教学实践中，朱先生总结出一套行之有效、符合教育规律的教育方法。他重视举一反三，反对死板灌输，喜欢采用赏识激励的引导方法。

他的弟子朱镜宙（章太炎的女婿）后来在《朱复戡先生传》中写道："先生每以时论课诸生，反复设问，务使各尽其才，偶有未安，为点易数言，稍可，则密圈似连珠，使后生不知有学文之苦。若得佳制，曼声朗诵，抵复至再，往往摇首击节，唾咦四溅而不自觉。"朱镜宙对这套激励机制十分受用，觉得受益良多，他自己说过："镜宙亦因先生循循善诱，才思焕发，畅言毋隐，一洗其畴昔局促之态。"朱味温的这种教育思想与教育方法，即便放在现在也是非常先进的。

朱先生在上课时，全身心投入，满腔热情，肢体语言十分丰富，可以称得上声情并茂，感染力极强。这种方式非常有利于提高学生学习的积极性。他的弟子黄式苏在《朱君复戡行述》中形容说："予任温州师范学校监督，延君主国文讲席。君口讲指画，涕唾横飞，或曼声高诵，手舞足蹈，见者窃笑之。"

父亲对朱先生这种教育方式也十分钦佩，认为朱先生这种以身作则的榜样力量，对学生的影响特别深远，因而感慨道："何以受其滋培影响而如此亲切者，此无他，即古所谓言教不如身教。"

朱先生始终秉承这种教育精神和方法，春风化雨，润物无声，培养出一批又一批杰出的弟子，不仅深受弟子的敬重，而且成为浙南名师，许多大户人家争相延聘。朱先生走到哪里，就在哪里栽培弟子，所以他的弟子遍布浙南，其中佼佼者，乐清有朱镜宙、林佛性、先父怀瑾、郑哲民、洪式闾，瑞安有伍叔傥，永嘉有柯逢春，鹿城有徐堇侯，青田有陈诚、叶迈，人称"朱门十大高徒"。

这便是榜样的力量，父亲从朱先生处获取的榜样力量，也传承给了我。

父亲不仅通过言传身教来影响我，他的朋友圈亦对我影响很大。我们从小接触的都是才华横溢的长者，早期家中往来的都是父亲四川的好友。

其中，程沧波先生的道家学问极为出色，书法也很漂亮。每次父亲这些朋友来的时候，我们小孩子也很高兴，跟着大人“吃喝玩乐”，搬藤椅、凳子到住宅外，到房子前，把门口当院子，坐在外面喝茶、吃柚子、聊天、笑闹。父亲跟朋友聊天时，我们小孩儿也会旁听，那些不经意间谈起来的诗词典故，在我耳中如雅乐般动听。

现在回想起来，那些时光是多么幸福。

我稍长以后接触到的长辈，像王凤峤先生、刘大镛先生，都是诗文一流的书法大家；还有孙毓芹先生，琴艺精湛，从河北到台湾，是台湾古琴界教父级人物。

父亲劝从商的弟子要淡泊名利，这样才不会行恶事，也不会为恶人所骗。父亲在讲《老子他说》时曾说到，白居易既学佛，也学道，按照道家的思想来修养人生，所以他能享乐一辈子，老了仍然在享福，真是不枉“乐天”的名号。

白居易在读《老子》后，曾经写下一首七律：

吉凶祸福有来由，但要深知不要忧。
只见火光烧润屋，不闻风浪覆虚舟。
名为公器无多取，利是身灾合少求。
虽异匏瓜难不食，大都食足早宜休。

父亲加以引申阐释说：“人生的遭遇，得失成败、吉凶祸福都自有缘由，何必用那么多的负担来困扰自己呢？如果想不开，想不通，那就会产生各种忧虑哀愁。”

父亲以此劝导大家，不要把钱财看得太重，不要把名利看得太重，否则就会像吃多了匏瓜，最后肠胃也会受不了。

父亲解释说："人的需索是无止境的，追求目标的同时也要有所节制，不要让自己的心被欲望所禁锢，无法自拔。"

上述粗疏点滴，不足以表达父亲日常言传身教之万一，但却对家风家教中榜样的力量，有了一个重要的解读。

南怀瑾语录：小说的作用

小说中人名和地名，大多数是假托的，可是那些故事的内容，却几乎都是真的。只不过再经文人的手笔，加以渲染剪裁而已……小说会自然地变成戏剧或民俗故事，往往在无形中影响了各阶层人的心理。

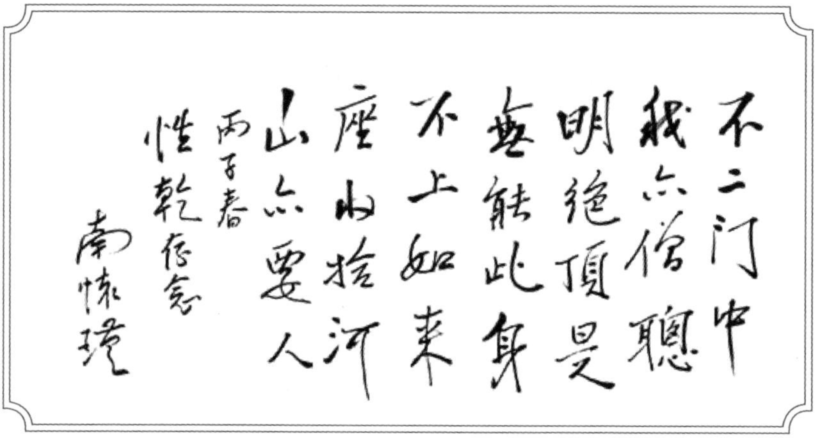
不二门中我亦僧聪明绝顶是无能此身不上如来座收拾河山亦要人
丙子春
性乾存念
南怀瑾

安身立命，不离家教

祖父从少年时期就开始打拼、逐渐积累下来的家业，让南家虽然算不上是大富大贵，但方圆几里之内，也称得上是衣食无忧的小康之家了。祖父要求我父亲能够把学习到的道理运用到日常行为中去，思想和行为保持一致，不能虽然知道事情的道理，但做起来却又是另外一回事。

祖父家里雇用了不少人，还有跟随他学做生意的学徒。尽管如此，到了冬天，如果半夜里下大雪，在天蒙蒙亮时，祖父准会把还在睡梦中我的父亲叫起来扫院子。

“天还没亮，外面又那么冷，孩子还小，再说，家里还有用人呢，何必让银奶（父亲的乳名）起这么早呢？他夜里读书那么晚，就让他多睡会儿吧！”我祖母很心疼儿子，拉着我父亲的被子，不让祖父叫醒儿子。

“不行！小孩子就要从小从严教育，立下家风，每事都要尽力去做，言行一致，大了才可以担起重担，怎么能因为天冷夜长贪睡呢？”祖父很固执，认准的事情绝不改变，何况是要贯彻自己教育原则的事情呢！他坚持要让我父亲起床扫雪，对妻子也很严肃地告诫：“你不要娇纵他，不然长大了没得出息，不知道在世上生活的艰苦。家里用人固然有，为什么他就该享受啊？”

没办法，祖父之命难违，我父亲只得迷迷糊糊地爬起来，睁着惺忪的睡眼，匆忙穿好衣服，打着哈欠，拿起扫把，一个人到院子里扫起雪来。

我祖父甚至还特意不让他戴手套，父亲的小手不久就冻得肿了起来。虽然祖父心里也疼惜，不过还是静静地看着他做完，才让他进屋去吃早饭。

祖父经历坎坷，饱尝人情冷暖、世态炎凉，全靠自己打拼才得以在那个举目无亲、无依无靠的小地方立足，赢得地位和尊重。

他曾告诉父亲两副对子，父亲一生铭记。一副是这样说的："富贵如龙，游尽五湖四海；贫穷如虎，惊散九族六亲。"祖父解释道：一个人有钱有地位，就会像一条龙一样，自由自在，游尽五湖四海，所以富贵很重要；一个人穷了，就像老虎一样，亲戚朋友见了都害怕，认为是来揩油的，唯恐避之不及。祖父借此告诫父亲："孩子啊，一文钱逼死英雄汉！要懂得节省，做到未雨绸缪。"

另一副对子则是："打我不痛，骂我不痛，穷措大肝肠最痛；哭脸好看，笑脸好看，田舍翁面目难看。"穷措大，就是穷小子；田舍翁，相当于现在的有钱人。人只要活了一定年岁，对人间事经历多了，再来看这副对子，就会认识到这的确是世间的真实写照。

父亲从小接受祖父"天下无如吃饭难"之类的教育，年少便只身行走江湖，深知"壮士穷途一饭难"的个中滋味。所以，他后来在开堂讲学之时，广开门庭，不分尊卑贵贱，任何人都可以来家里用餐吃饭。

对于钱，父亲从没有当回事，一直告诉我们，只有用掉的才是曾经拥有的。父亲也告诉过我，在这个世间，能用钱解决的事情，都是小事情。年轻的时候，我觉得钱不是万能的，但没钱真是万万不能，所以对于这样的话，实在无法体会。

几十年以后，经历多了，能够理解这个说法了，才知道这个世间没办法用钱却解决的事情太多了。比如在医院，人病入膏肓，药石无医，再有钱也没用；在男女感情上，感情没了就是没了，再多的钱也买不到感情，破镜没办法重圆……许多的事原来是要用生命去启迪的！智慧，不是因为年纪而增长，而是因为经历而受到启发。

父亲对钱的看法，实在是豁达又智慧。

父亲小时候，祖父的生意尚可，从来不需要为钱这事烦恼。祖父在柜台后面置有一个有点儿深度的大盘，每次找来的细碎零钱，都会往盘中丢，渐渐就累积了非常多的铜板子。

父亲有一次想去买糖果，找不到大人，就自己跑到店里，在盘里抓了一大把铜板子。因为没有口袋，就把衣摆掀起兜着铜板往后院跑。伙计们看到，也当小少爷调皮，没人去说他。可刚回到后院，却遇到祖父迎面走来，他当时吓得双手一松，铜板滚了满地，也就少不得一顿说教。

我记得我们家里也有这样的钱罐子。我是最喜欢接近父亲书桌的孩子，常常都会有惊喜。很小的时候，我在父亲书桌下面挨着墙的角落，发现一个长条的薄铁皮罐子，不大却很重。我因好奇打开一看，原来都是一角到五角的硬币。那个时候，吃碗面就是几角钱，这些硬币价值不菲。我拿了这些硬币去买小人书，后来被父亲发现，责罚了一顿，也因此听他讲了自己的故事。

父亲一生做什么事情都专心致志、诚心诚意，待人接物也非常古道热肠、侠肝义胆。这与父亲从小养成的高迈人格有莫大的关系，全依仗父亲少时受祖父言行举止的影响。只要村里有需要帮助的人，祖父都愿意出手相助，从不斤斤计较。尽管他只是一个做生意的人，但他对金钱的态度不同于一般的商人。祖母经常开玩笑叫他“万银完”，意思是说他做生意，赚钱快，用钱更快，纵有万两银圆在手，为别人的事，为利于大众的事情，花钱如流水，多少钱都不够用。

那个时候，地方上一些忠厚老实的种田户和一些以劳力做苦工的老百姓，经常会被有钱有势的人无缘无故地欺负；开店做小生意的商户也会受地痞无赖寻衅闹事。每当遇到这种事情，祖父都会放下手头上的事，为人家打抱不平。祖父会功夫，加上又有理，站在那里很有气势。他不管对方钱多势大，总是据理力争，直到为受欺负的人讨回公道。虽然为村民做了奉献，祖父却从不居功、不傲慢，对待村民仍然客气尊重、谦虚礼貌，就像从来没发生过这些事一样。村民也都很敬重祖父，知道他为人善良，耿直稳重。祖父在村里的声誉越来越高，后来，村民还推选他做乡长。

现在一些大学生毕业后，做人做事不能心诚意正，总是自命过高、急于求成，很少愿意到一线工作；在工作上，不会诚心干好一件事，过个一年半载就想跳槽，认为跳得越快，薪水就越高；求学也是，认为文凭越高，工资越高，读个硕士，拿个博士，就财源滚滚了。殊不知，他们都没有真正诚心地在学东西、做事情，最终不会得到他们想要得到的。

当然，现在企业与员工的关系跟以前的师徒关系不一样；但是，在进入企业学习本领的过程中，更重要的应该是如何能够让自己快速成长，物质要求其次，这与以前的师徒关系又有点儿类似。

过去师徒关系是怎么样的呢？在祖父家中，徒弟学三年只管吃管住，给一点儿零用钱，没有薪水，三年后开始起薪做伙计。

当时家里有个布店，招了个学徒，他当学徒和伙计共做了五六年，祖父对他说："你行了，开个布店去吧！"学徒说："不行啊，那我不是对不起您，跟您抢饭吃吗？师父，我不能走！"祖父说："不要紧，我给你本钱，你到别的地方去开一间同样的布店。"祖父这样的胸襟，让这个学徒终于放下心结告别，去做老板。以前的师徒关系纯正如此，以前的人忠义如此，恐怕现在已不多见了。这些是只有在中国传统文化的浸染下才有的人格魅力。

正是这样的言传身教，才让父亲成了一位受人尊敬的人，望天下子女，都能成为受人尊敬之人。

南怀瑾语录：无以小害大

"无以小害大"，人往往很容易只看小地方，害了大体。在机关、团体之中，人往往为了小利益而使团体受害。在一个团体中，一些人看看这也不对，那也不对，小的地方看得非常精明，对整个团体的大事就糊涂了。所以，世界上大英雄少，有大智慧的人少，眼光远大的人少。

詩词三百首
讀熟不離口
平日當歌曲
學问自然有
老拙题

尊重孩子，敬畏生命

父母教育子女时，要本着多尊重、少责骂的原则来。遇到事情，需要与子女多商议，少要求。比如希望孩子遵从父母意思时，不要直接命令，而是用尊重、商量的口气。比如，提醒孩子要上床睡觉了，不要直接命令：“快把电视关了！睡觉去！”而是要委婉一点儿：“现在已经很晚了，你是不是该睡觉了呢？”如果跟孩子说明，睡觉可以让身体消除疲劳，会长高长大，这个良好的动机，可能让孩子更愿意早睡。

这样一来，孩子便会觉得父母很尊重自己，也更愿意听话。

引导也是代替责骂的良方。父母对孩子越是尊重，孩子就越会注意到自己的言行举止是否合乎规矩，也更能在日后与人交往时获得他人的尊重。

当然，这也不是说父母什么事情都要听孩子的，对于孩子的一些坏习惯和不良性格，父母也要平等而严肃地指出危害，并且引导他们加以改正；必要的时候，还可以采用一些惩罚措施。

在平等的家风家教中，父母应当与孩子交朋友，少窥探孩子的隐私。

生活中，有不少家长为了解孩子的情感、学习、生活状态，偷偷翻看孩子的书包，甚至是日记。这样的行为，是极其不尊重孩子隐私的表现。

那么，父母要了解孩子的情况该怎么办呢？正确的做法是，父母跟孩子做朋友，平日多聊天，让孩子能主动说出他的生活、学习和情感状态，从而使孩子慢慢养成把父母当作倾诉对象的习惯。

只有尊重孩子，才能让孩子产生良好的自我感觉，才能让孩子有一个主动乐观的心态。孩子在受到尊重时，也会萌发自尊心。有了自尊心，才能让孩子增强自强、自立的精神。

在有些家庭中，父母跟孩子没有处在同一高度上，父母总喜欢高高在上地俯视孩子，这样的对话自然不会平等。

父母应当像尊重成年人一样尊重自己的孩子，主要做到四点。

首先，父母应当尊重孩子的人格，正视孩子的“存在”，对孩子的愿望予以理解，对孩子的努力予以肯定，对孩子的成就予以赞赏。在对我的教育上，父亲一直将我看成一个有思想、有看法、有需求且情感独立的“人”。

当孩子的想法与父母的想法发生冲突时，父母也要尊重孩子的个性，不要强行替孩子做主。即便知道孩子的选择是错误的，也要给他一个试错的机会。至少他尝试过，才能深刻明白自己的选择究竟错在哪儿。父母的尊重，对孩子建立健全完善的人格非常必要。

其次，要尊重孩子的情感。从父母的角度看孩子，经常觉得孩子的情感不可理喻，比如无故哭闹、过度兴奋等；换个角度思考，站在孩子的角度看大人，大人也是经常无理取闹的，比如让孩子按照大人的喜好学这学那。只要父母能明白，孩子的情感世界本来就与大人不同，那么在教育中，父母便不会违背客观规律，强求孩子跟自己的想法一样。

再次，要尊重孩子的需求。孩子的需求表现在各个方面，如学习、人际交往、物质、情感等。只要孩子的需求是合情合理的，父母就应当尽量满足，特别是孩子在情感上的需求。比如孩子希望父母能坐下来，和自己一起分享某件事情的时候，父母不能敷衍或者拒绝，这是一种陪伴，是一种情感抚慰。在南家子女中，我是唯一一个有幸得到父亲亲自教导的孩子，也是深刻珍惜这种缘分的孩子。因此，我深刻了解，父母的陪伴对孩子意味着什么。

最后，尊重孩子的兴趣爱好。每个孩子都有自己的爱好，不管是在读书上，还是在艺术上，只要是正当的兴趣爱好，为人父母者都应当予以鼓励和支持。这里，我要更正一种观念，培养孩子的爱好，并不是让他长大之后靠这个爱好谋生，而是培养孩子对某一件事的专注精神，培养一种有所追求的思想，一种想把事情做好的信念。孩子拥有自己正当的兴趣爱好，将会让他受益一生。

此外，父母还要敢于向孩子承认错误。对于一些父母来说，向孩子认错是一件很难启齿的事情。很多时候，父母就算明知自己做得不对，也不会向孩子承认错误。在一些父母心中，孩子是弱小的，与大人是不平等的，如果自己跟孩子认错，就会破坏自己在孩子心中的形象——长辈尊严。

父母向孩子承认错误并不会影响形象，如果能向孩子说一声“对不起”，反而会让孩子对自己更尊重，且帮助孩子形成独立自尊的品德，也会培养孩子尊重他人的品格。这一点正如我的祖父当年因与祖母发生口角，打扰父亲念书而向父亲道歉一样，让我的父亲感念了一生。

溺爱会毁掉一个孩子，苛责同样也会毁掉一个孩子。孩子的成长过程，其实就是一个不断犯错和不断学习的过程。

父母如果在与子女沟通时不是采取平等的方式，而是采取苛责甚至暴力的方式，就会对子女产生深远的伤害。

比如在孩子犯错的时候，有些父母会采用攻击性的语言来教训孩子。孩子考试成绩不好，父母张口便骂：“你怎么这么蠢？”孩子唱歌唱得不好，父母又会说：“你怎么这么差？别的孩子都能唱好，为什么就你唱不好？！”这些攻击性的话语，会伤害孩子。

父母不相信孩子的能力，也拿不出具体的解决方案，只会一味地苛责孩子，对孩子造成不好的影响，让孩子的自信心大大下降。

如果父母一直都对孩子不认可，那么，孩子做什么事情都会失去热情，甚至还会有明显抵制的情绪。随着孩子年龄的增加，他们的逆反心理也会越强。所以，如果父母想让孩子保持自信，就不要对孩子太过苛责。而且，如果父母总是责打孩子、训斥孩子，孩子也不会看见父母好的出发点，也感受不到父母的温情，只会觉得父母讨厌自己，进而对自己的父母也产生厌恶心理。

父母如果想让孩子拥有一个美好的未来，那么记得给孩子多一些尊重，少一些责骂。

南怀瑾语录：塑造完整的人格

我经常说，中国文化的教育目的，是教育一个人形成完整的人格。所以大学之道是教育人成为一个大人，做一个真正的人，这是教育的目的。

人如無貪天下太平人如無嗔
天下安寧願天常生好人願
人常做好事
歲次乙亥冬月中旬即
一九九六年一月上旬
南懷瑾書時年七十八

家道是根本，家风是气象

文化是有地域性的。这么多地方文化的差异在哪里呢？我认为是地理位置的差异。文化原来就是因天、地、人三者的交互而产生的，南方人、北方人，江浙人、两湖两广人……他们的文化肯定不一样。

因为时间、环境等的不同，人所能拥有的生活经验不同，人的行为、态度、思想也一定不一样。地理环境的差异，形成各个地区不同的物理现象、不同的天气变化，自然就会形成不同的群体认知，家风和家教也会不一样。但中国传统文化的根源是相同的，我们给它取个名字叫作道。中国的每一位教育家都是在做传道的工作。不同的是，这个所谓的“道”，后世在传承上变成一种讲述其“用”的方法传播开来。因此，每一种学说不过是在“用”的方法上做了创新，而“道”的本身论述还是不变的。

道，粗浅地说，遵循自然也。自然之所以会成形即是因为遵循道的原则。人类自己便是这大自然的现象，所以也依循着道的原则变化着。一切事物与非事物，只要是存在，其实都要遵循某种原则，这是其之所以存在的规律。这种原则是变化之本，每个人都受它的影响，所以进行思考的人就会探讨理解这个存在的原则，从而提升个人的智慧。

古人曰道，不生不灭，无形无相，无始无终，无所不包，其大无外，其小无内，过而变之，亘古不变。家风中的“道”亦是如此，也是在潜移默化中产生品行的变化，同时让子女可以融入整个国家、社会。

家风是一个家族的风气。家风并不是一成不变的，是随着时间的推移有所成长和发展的。这些成长和发展，不是家族中某一子女促成的，而是家族中所有成员共同努力的结果。父母与子女之间的交流，都应该围绕着维护或促进家风的形成与发展而展开。

在家庭中，父母的言谈举止都融入于子女的成长过程中。父母为人处世的态度，也会在子女的思想感情与行为方面起到感染作用。家庭带给子女的影响，除了有形的模仿之外，更多的是无形的塑造。从这里，我们也不难看出家风的重要性。

家风是一种教育力量。它不仅在生活习惯、情感、思想、态度、心理等方面对子女有所影响，也孕育着子女的语言环境、道德环境和情感环境等。我们完全可以这样说：每一个独立的家庭都是孩子成长的第一空间，在孩子身上，将会处处带有家庭的烙印。

家风就是一种无形的力量，在日常的生活中，家风对孩子们的心灵一直起着潜移默化的影响。它不仅影响了孩子的心灵，同时还塑造了孩子的人格，家风就是父母对子女最基本、最直接的教育。有什么样的家风，就有什么样的孩子。

读书人常常引用张载的名言“为天地立心，为生民立命，为往圣继绝学，为万世开太平”作为个人的座右铭。这句话说起来气势恢宏，热血沸腾，却不是每一个人都能真正做到的。生于天地间，父母需教导子女，也需要自我反问自己如何为人、如何为父、如何为子、如何改造一方水土、如何为天下之人谋福，这些都是教育子女时要思考的基本问题。想要子女成为人物，那么父母自己必须率先修正自己，成为子女的榜样。

人有“困而知之”“学而知之”“生而知之”等不同的学习层次，在我看来，父亲就是那种“生而知之”的再来人。我很小的时候就听父亲说过，袁枚感慨黄庭坚的聪明，说了那句“书到今生读已迟”的名句。这跟一首歌所唱的一样，三分靠天命，七分靠打拼。人成就事情都需要有一点儿天赋，每一个人的智力有持续性，但还是要继续努力增长自己的智力。

前文有提过，祖父严格，对父亲每日督促，也是父亲有大成就的关键之一。良好的家风和家教，是一个家庭拥有健康环境的关键。因此，家风和家教，便是家庭为子女树立的一种道德标准，为子女的个人成长进行初始化教育。

生活中的家风与家教，我们不能用简单的文字定义它，也不能随意评判别人的家风是好是坏、是对是错，因为每个家庭的家风都有其价值观标准。正如诸葛亮在《诫子书》中教育儿子要淡泊自处、宁静自守，父亲也一直鼓励我们勤学励志，希望我们从自身修养上狠下功夫。

诸葛亮所说“夫学须静也，才须学也，非学无以广才，非志无以成学”，意思是要得到学习的效用，必须是一心专注的、安静而不躁动的学习，才有效果。提高属于才华技能方面的能力，是要身体力行去做的，只有持续去做，才能够真实地拓展个人的能力。

不下一番苦功学习，就不能增长与发挥自己的才干；没有一颗坚定不移的心，就不能让学业成功。

诸葛亮教育儿子万不可心浮气躁，举止荒唐。而在书信的后半段，又换成了慈父口吻，对儿子进行谆谆教诲，希望儿子不会因为少壮不努力而老大徒伤悲。

这话在今天看来，或许只是老生常谈罢了，但它却是慈父在教诲儿子时实实在在的警示名言。

这便是家风中的道，因而格外令人珍惜。行教育之道，才能有优秀的家风；懂相处之道，才能家和万事兴。

南怀瑾语录：毁誉

假使有人捧人捧得太厉害，这中间一定有个原因。过分的言辞，无论是毁是誉，其中一定有原因，有问题。所以毁誉不是衡量人的绝对标准，听的人必须要清楚。

智慧启发，禅门宗风

良好的家风家教，是需要在互动中传达的。

1991 年，我弟弟国熙已经事业有成，致电问候父亲。父亲问他是否坚持打坐，他说没有。

“儿子，你老了以后，就会知道没有一样东西比打坐重要。”父亲说。

虽然从小离家，但在父亲晚年，国熙弟一直陪在父亲身边。他称父亲为“老师”，可能大多数人都会感到奇怪，其实这也不难解释。

国熙弟从小远赴美国，记忆中父亲的形象并不清晰，加上他的义父薛乐如对他进行严格的军事化管理，使他对父亲这个概念有点儿模糊。

到了中国香港，陪伴父亲左右时，他感觉自己就像父亲的学生一样，所以也就习惯了称父亲为“老师”。后来有人问过国熙弟此事，他回答说：“我们做儿女的，跟着南老师的时间还没有他的学生长。我二哥（南小舜）曾经讲过一个理念，一般人是‘一日为师，终身为父’，我们是‘一日为父，终身为师’。我们的感受真的是如此。你听到我称父亲为‘南老师’会觉得奇怪，假如我称南老师为‘父亲’，则会觉得有一点儿别扭、有一点儿肉麻，我很不自在、不舒服……因为我们做儿女的都认为，老师‘视天下人为儿女，视儿女为天下人’，这和很多学生的观念是一样的。所以，我一直没有叫他‘爸爸’，而叫‘南老师’。”这是除了我以外的其他兄弟的感受，也很特别。

每一个家庭，父母与子女的缘分不一，兄弟姐妹都是依与父母的缘分而来的，彼此的缘分更是增上缘外的增上缘，所以龙生九子，各个不同。父亲这一生，能坦然听到叫他一声“爸爸”的也就只有我了。

而且，我自小记得他讲的历史典故、文化概念和佛家心法，问一下其他家庭成员，竟然都不记得，实在是颇为可惜的。我十分感念自己和父亲有这样接续的父子情分。由于我远走美国，没有人再叫父亲“爸爸”，他就此曾经在香港说了一段玩笑话。

一天晚饭后，大家围坐谈天，国熙弟又称呼父亲为“老师”，父亲就开口问大家：“你们知道子女像什么？”大家都说不知道，于是父亲就笑着说：“子女啊，像眉毛，有了，没用；没有，难看。”惹得全体哄堂大笑。

其实，这就是对国熙弟的教育，可惜没人听懂父亲的用心。

许多人都说，父亲对子女十分严格，但对其他与我们同龄的人倒是比较宽容，如同慈父一般。确实如此。父亲对我们的要求向来十分严格，但正是这种看似不近人情的严格要求，令我们受益匪浅。在父亲的严格要求下，国熙弟养成了做事严谨的良好习惯，工作也格外细致，对公司的每件事情他都会详细了解，就连对工作环境的卫生标准要求也极高。

至于我，虽然排行老三，但因我是在中国台湾出生的长子，所以父亲对我还是怀有期望。很小的时候，他就让我背诵《三字经》《千字文》《古文观止》《千家诗》和《唐诗三百首》，每天早上出门的时候，他都指定一段文辞让我背诵，待到傍晚回来的时候考我。

现在回想起来，当年父亲每天要求我背诵的内容不过一百来字，并没有太多任务，也没有逼迫太紧。当时背得深恶痛绝，如今却深入骨髓，虽不能说这样就把我的国学基础打好了，但至少培养了我对中国文学、文化的兴趣。

从我会看书起，父亲就让我随意进出他的书房。

当时家里有很多儿童读物，比如《三国演义》《李世民征东》《封神榜》《水浒传》《西游记》《罗通扫北》《安徒生童话》《希腊罗马神话》等，还有许多武侠小说。我从小坐拥书城，是在书堆里长大的。

直到离开父亲身边以前，这私人图书馆，多半供我独享。后来我年纪稍大，不再满足于那些故事，便喜欢不时看看父亲在读什么书。他读完的书，如果不是太过艰涩难读，就会成为我读的下一本书。父亲读书，时常会做点评，有时就在书页空白处写下些心得或是评语；对他喜欢的字句，也会在旁边加以圈点，犹如古人读书的习惯。

后来我也养成了这样的习惯，喜欢的书总有些地方让我画花了。孩子长大后，往往会怀念父母小时候的督导，我就是这样。

“书到用时方恨少，事非经过不知难。”有时，我会因父亲在我小时候没有再督导我多一点儿而感到遗憾。好在我喜欢读书，已经形成和父亲一样广博的阅读兴趣。

父亲对子女的教育是开放式、启发性的，除了最初对我读的书有所要求外，之后他给我的，只是一个环境，一个靠自己去学习的环境。这种读书环境，真是父亲给我的最大财富。

我在二十五岁时移民美国。赴美前，虽然能带的行李有限，但我还是从父亲的书架上拿了许多书。

一套小字的《二十四史演义》，我从小读到大，看了好多遍，实在舍不得离身，也被我带走了。每次看到书架上的书，我都会怀念父亲和我分享的日子。这些书，还有父亲的教诲，会随着我的足迹而延续、存在。这也是我对父亲永远的怀念。

为了保护子女免受争名夺利带来的无妄之灾，父亲从来不要求自己的孩子参与他做的任何事。所以，我虽然从小受父亲思想浸染，也喜欢到父亲的书房去看书，但我之前从来都没想过要传承父亲的衣钵。因为在我看来，有父亲传播中国文化就足够了，不需要子女继承。

每一代人更该做的应是发扬，而不仅仅是继承。

南怀瑾语录：不迁怒

其实，人性都是善良的，做错了事，立刻会脸红一下，但不到两秒钟，就认为不是自己的错，错的都归之于他人；认为如果不是别人如何如何，自己就不会这样错。归根结底，总认为是别人的错。人就是这样既不会反省，又常会迁怒他人。

浙江画院院长、浙江省陆俨少艺术研究会会长 孙永

终曲

九十五年篇章，南门家教铸成

我父亲为人意诚心正，言行如一。

他在一首诗里写道：“消闲漫读华严偈，不识人间有是非。”表明他没有是非之心，他的心是如如不动的。我父亲在中国台湾三十八年，还在中国香港住了十几年，晚年到苏州也十几年。他说：“拄杖横挑风月去，由来出入一身轻。”他对人、世、事皆毫不留恋，虽然“视天下人如子女”，可他“由来出入一身轻”。我觉得这是中国读书人的一个最高境界。

我父亲一生很努力，他从年轻时就有一个愿力，这个愿力就是为中华文化而生。他一直在传递一个信息，希望每一个人能懂，懂得中华文化的内涵，能够把这个火种传递下去。可是他也常常感叹：“矛盾半生头已白，更无安处只安禅。”好像学人满天下，但是学子无几人。如今传授者走了，希望我们能把这个担子挑起来，继续传承下去。

所以，现在我需要做的，就是基于父亲所教，用我的方式继续创新、表达，启发下一代人更新的愿力。父亲在完成自己的愿力时，是承接大任，不拘小节。他最后走的时候是如愿以偿，无悔！我们这一生假如能够在走的时候心中无悔，那个时候心平平静静，这是非常难得的。最怕的是我该做什么，我没有做到，或者没有做完，最后一刻产生悔意。我希望我走的时候也是如此无悔。我相信每个生命都有一个持续性，假如每个人对文化真正了解，就知道中华文化一直在讲这个东西，让我们从“生”开始了解，人是怎么样生的，是怎么样消亡的。而人的生与消亡之间是怎么样一个过程，最主要取决于他怎样去经历。2012年，我父亲九十五岁，九十五岁就像是一篇维摩乐章，父亲把这个大乐章奏完了。

我曾经写过一篇文章《身教、家教、言教是我一生的功课》，我觉得我的父亲并没有去世，当然我是说他精神层面的存在。虽然离去，他还是给了我一门功课，连他的离开，对我而言都是一门功课。我要如何平静接受这件事情？我要如何把所有的事情、所有的对待转化成一个最好的结果？我发现我这一生，所碰到的每一个人、每一件事，不管好的坏的，都是在接引我的。他们用他们的“相”和“用”来考验我，所有的发生就是看我：我学好了没有？我是否心性无碍？

我曾经在广州给大学生做过一次演讲，讲完以后，有好几个大学生冲到前面，一定要和我聊几句。可是时间不够，我们没有办法交流更多。在短暂的交流中，我知道他们曾经都是留守儿童，非常痛心，因为我能“看”到他们在成长中面对的挑战和一生心理上的阴影。所以我真的希望有一天，能让他们了知，我们人生中发生的一切事情，包括父子缘分、父母子女关系，统统是自己要去学习的功课。

在我看来，“父亲”两个字不再是一种单纯的父与子的关系，而是“与天下人同亲”的概念。因为我的父亲不仅仅是我的，他更是我们的。我希望大家读我父亲的书，可以将他的教化转化成个人的理念，在心性上修正，在行为上表现，成为我父亲教导的传承；而不只是单纯地崇拜南怀瑾老师，个人却在行为上毫无改变，这就有如用知识装潢外表，而不是调整内部结构。

我不希望大众学子神化我的父亲，因为神化我父亲以后，就会变成“迷信”，而不是“正信”。我的父亲不是非常人，我的父亲是平常人。他和我们每一位都一样，他做得到的，我们也做得到，就看个人的智慧何时可以启迪而已。孟子有言：“舜何人也，予何人也，有为者，亦若是。”神化南怀瑾老师，就是自己偷懒。我的父亲之所以努力教化，就是因为他相信我们每一个人都可以成为中华文化的继承人，他相信我们每一个人的光辉终有一天会显现出来造福世人。

“父亲”两个字，看似简单，因为人人必有；叫着困难，因为不是人人都有。我相信有一些人，他在成长过程中跟父母的关系并不好，表面上每个人都有父母，可是在心里，他不一定认同，不一定能把这份感情化成其生命的动力。

真正的学问，从不依赖别人，不是看书就有学问，学问来自平时的观察、汇总、整理。中国人所有的思想，是从天地之间开始思考的，“故天地之塞，吾其体；天地之帅，吾其性。民，吾同胞；物，吾与也”。这也就是与天下人同亲的理念。我父亲一辈子就是一个中国读书人，他的一生很好地体现了中国人对读书、文化和传统的耕耘。

我曾经写过一篇文章《中国读书人的风骨》，就用文中最后几段来结尾吧。

我父亲生于20世纪，确似常怀千岁忧，是有风骨的读书人。他是在中国出生，在中国受教，在中国成长，更是由中国文化孕育的一位爱民族、爱国家的读书人。那么在国家即将复兴的时候，回到中国贡献自己的所学，唤醒我们的国魂，这就是他一生准备好的付出！此时此刻，我心中不禁想起了杜子美的诗句：“白日放歌须纵酒，青春作伴好还乡。”或许，父亲当时也是有这样的意气。

对父亲而言，没有什么老年、晚年的概念。年纪与时间对一个修行人来说，都不是束缚。我见到的父亲一生所做，没有因为地点、年纪、生活环境而有所不同。他习惯每夜静坐、看书，每日接待、应对，都是用时无心、无心正用。

我一再听到有人说，父亲一生辛苦，实在觉得有必要解释一下。对于那些凡事依物质来衡量生活的人，他们活得战战兢兢，不但看自己用钱来衡量，看其他人也用钱来衡量，处处带着一副遮蔽智力的眼镜，就算有好机会，好缘分也看不出来，也会错失。孔门七十二，颜回最贤，其贤处就是："一箪食，一瓢饮，在陋巷，人不堪其忧，回也不改其乐。"何苦之有？我父亲亦如是！父亲万缘放下，哪里还会有辛苦可言？每次去探望父亲时，晚上用餐，我都坐在父亲右手边；每次听到有人说，老师辛苦时，我会转头看看父亲，他的那一抹微笑，岂有知音！

父亲在苏州的生活，一开始也是简单的，就如同在香港一般。下午开始接待处理事务，晚餐毕与众人交谈，有时讲讲课目。只是祖国的知识分子喜欢亲近他，越来越多的访客和他们对国学教育的渴求，可能是父亲决定办学堂的原因之一。这个只是我的臆测，不可以当作他的想法。

父亲很早就开始鼓励小孩子恢复读经，当然主要是以一些幼学经典为主，所以在国内也推广幼儿读经，这个活动后来在许多城市都得到支持与响应，也发展得不错。他也接受国内一些大学院校组团邀请他演讲。只是父亲自己并不主动对外公开讲学。有几次，父亲主动讲课，也完全不对外开放，必须是受到邀请的人才能参与。

为人子女是不能轻易评价父母的作为或是贡献的，最起码这是我的观点。我从接触的朋友那得知，知道我父亲的人都觉得，正是因为有了南老师，我们的国学得以有了新生命，得以再次辉煌起来。中华文化是经得起考验的。父亲的解说，让年轻人与古人思想的距离拉近了。作为子女的我，深深被父亲感动，也真正了解到了何谓中国读书人的风骨气节。

父亲耄耋之年回归苏州定居，将最后的甘露洒向这片他热爱的土地，我亦希望能如同他一样，在人生最后的岁月里，将父亲给予我的教诲和自己毕生所学报效自己的民族。

南怀瑾语录：艰苦与成功

人类的历史中，凡是成大功、立大业、做大事的人，都是从艰苦中站起来的。而自艰苦中站起来的人，才懂得世故人情。所以，对一个人的成就来说，有时候年轻多吃一点苦头，多受一点曲折艰难，是件好事……真正要成大功、立大业、做大事的人，一定要有丰富的人生经验。

一生志業在天心，欲为人间平
不平。愧我老來仍落拓，望渠
年少早成名。功勳富貴原
餘事，濟世利他重實行。
憐汝稚齡任遠道，強抛涕淚
暗傷情。

己酉季冬送幼子國熙赴美就学

推荐一

琐事中见家教真谛

从宗族到家族，再到家庭，“家”这一概念一直在中国人的血脉深处传递。虽然家的规模随着时代变化而改变，但千百年来，家庭依然是每个人内心深处最坚实的后盾。“家”的兴盛与继承，不仅关系个人成长，也与国家命运紧密相连，此所谓“天下之本在家”。习近平总书记强调：不论时代发生多大变化，不论生活格局发生多大变化，我们都要重视家庭建设，注重家庭、注重家教、注重家风。这正反映了家庭教育对个人成长、家庭兴盛、国家发展的重要作用。

“忠厚传家久，诗书继世长。”一些家长非常重视子女教育，从幼儿园开始，为就读名校殚精竭虑地筹划；有些家长认为学校应当包办学生的一切学习内容，将教育的全部内容都寄托于学校。实际上，教育并不限于学校教育、社会教育，还包括家庭教育。学校教育固然是教育的主力，但家庭教育作为教育的起点，对孩子健康成长会有重要的影响。孟母三迁、画荻教子等历史故事，体现了家庭教育“帮助孩子扣好人生的第一粒扣子，迈好人生的第一个台阶”的重要性。金庸先生的查氏家族在近代立下“勤恳耕作，敦睦乡里”“以儒为业，诗礼传家”的家训，这家训传承了二十几代人，名家辈出。查家不仅重视学问，还要求子女明礼守仁，最终凝聚成查家传承百年的优良家风。从古至今，无论是家国情怀的责任担当，还是德智体美劳综合素质的养成，都仰赖家庭教育的滋养和浸润。

近几年，我们学军中学也一直尝试构建学校、家庭、社会“三位一体”的德育实践，例如在假期大力推动“修家谱、理家训、写家史、传家风”的家文化实践活动，希望将和谐家庭建设和学生身心全面发展结合起来，充分激发家文化内部天然的教育功能，重新树立家族传统意义下的现代公民意识，积极沟通家庭、学校与社会之间的关系，促进和谐家庭、和谐校园、和谐社会、和谐人生的同步并行发展。作为一名教育工作者，我由衷希望我们的家长与我们一同参与到孩子们的教育中，形成家校合力，为孩子们更好地成长保驾护航。

这本书最重要的意义，或许在于南一鹏先生以温厚敦和的笔触于一件件日常琐事中透露家教真谛，展现南怀瑾先生的教育理念。许多家长“望子女成龙成凤”，将生活的焦虑提早压到孩子身上，除了学校的课程，还让孩子参加各种各样的课外辅导班，但“教育的精髓是育人，不是教人”，父母的言传身教对于一个孩子的成长而言更加重要；也有些家长走向不分对错式的溺爱误区。南一鹏先生在书中也提到了“规矩在左，仁爱在右”等理念，这些都是千金难得的箴言，对家庭教育和学校教育都十分重要且必要。除了展现南家的家风家教外，南一鹏先生诚恳地和我们谈了家庭教育与社会现实的关系，足以为许多还在迷茫中的父母启蒙，值得与子女共同分享。

“一家仁，一国兴仁。”我相信，通过家庭、学校及社会共同的努力，我们的青年，定会嘉言懿行，勇于担当；我们的中国，定当实现中华民族的伟大复兴！

浙江省一级重点中学学军中学校长　陈　萍

2019 年 5 月 1 日

推荐二

戏里戏外谈家风家教

我和南一鹏先生都是温州乐清人，平时，他叫我“小老乡”。好友徐茹让我为他们的新书《南怀瑾家风家教》写篇序，我觉得义不容辞；虽然自己文笔不够优秀，但还是胆怯落笔，抛开一切不自信。能在我崇拜的南先生的书中留下痕迹，是我的福气，我要珍惜。刚开始，我以为这是一本像《曾国藩家书》《傅雷家书》一样的关于家风、家教的书，读完作品才觉得这是一个“开元”事件。

这本书并不是有关家风、家教的故事或者记事，而是对家风、家教进行了一定的定义，作者对家道、家训、家教、家风进行了概念解读，但并不局限于这些解读。作者铺陈了南怀瑾大师对子女的一些家教内容，重点在于把多年来研习的关于家风家教的心得和感悟及近年对家风家教讲学的总结，结合中西方家庭教育，通过浅显易懂的方式传递给了读者。

“家是人生的第一课堂”，中国人一向重视“家庭”在个人成长过程中的作用，素有“天下之本在家”之说。

这本书强调了我们都要重视家庭建设，诸如家庭、家教、家风等问题。每个家庭都承担起“帮助孩子扣好人生的第一粒扣子，迈好人生的第一个台阶”的重担，承载起帮助孩子“在为家庭谋幸福、为他人送温暖、为社会做贡献的过程中提高精神境界、培育文明风尚”的重任，培养出来的孩子才能在自觉承担家庭责任、树立良好家风、为社会做出贡献等方面，打下良好的思想基础、品德基础和人格基础。

家教，多是父母长辈通过日常生活中最普通的言传身教来影响、塑造孩子的人格。家风，是一个家族或家庭长期形成的生活方式、文化氛围以及人生价值的总和。家风、家教通常以行为方式渗透在家庭成员的日常生活当中，也以生活经验、实践智慧或价值理念的形式蕴含于家训、家规之中。

只要家庭成员或者家族成员能够按照家训、家规、家教做人行事，久而久之，这个家庭或者家族就会形成一种独具特色的家风。这样的家风既是家庭或家族的精神内核，也是社会的价值缩影。家风、家教是中国人最贴身的文化追求，凝聚为内心深处的家国情怀和价值取向，成为推动社会进步的正能量。

一个家族能否做到源远流长、薪火相传，关键就在这个家族的家风传承。在家风的传承上，家训、家规和家教起着至关重要的作用，家教的作用尤其不可替代。孩子们从牙牙学语起就开始接受家教，有什么样的家教，就培养出什么样的人。

家教家风，是中国优秀传统文化和传统教育的一个组成部分。它内容广泛，思想性强，比如爱国敬业、诚信友善、诗书传家、勤俭持家、尊老爱幼、明理修德等，自古以来都是文化教育的永恒主题。

古今中外的历史都证明了这样一个道理，即“家风好，就能家道兴盛、和顺美满；家风差，难免殃及子孙、贻害社会。正所谓‘积善之家，必有余庆；积不善之家，必有余殃’”。中国戏曲舞台上经常有关于家教家风的故事，“戏里”是古代家风家教的缩影；“戏外”是戏曲演员师徒的传承，也类似家风家教的传承。

我从小学习越剧，戏曲家风也影响了我的一生。建立良好的家风，重视家庭教育，是我国自古以来的优良传统。从《孔子家语》到《颜氏家训》无不体现家风家教的重要，戏曲舞台上无论是皇亲国戚、达官贵人，还是平民百姓，优良的家风都是父传子、子传孙，子子孙孙传承濡染，在生活的点滴中不断践行。在一代又一代的践行过程中，形成了家庭言传身教的习惯，固定为一代又一代的处世风格。古人说：“养不教，父之过。”中国人对儿孙的责任除了“养”，还有“教”。

今年，我参加了电视剧《六尺巷新故事》的拍摄，饰演剧中的女一号孔丹镇长。在安徽桐城拍摄的日子里，我听到了很多老故事。桐城六尺巷的故事不仅颂扬了清代高官张英宽容礼让、谦恭大度的美德，还反映出优良的家风、家教在家族传承中起到的重要作用。

不是每个家庭都有品行修为堪比道德楷模的家庭成员，但每个家庭都能通过努力形成良好的家风家教，引导孩子身心健康、积极向上、品行端正、有所作为，为社会的发展做出贡献。

唯有千千万万个家庭的家风好，子女教育得好，整个社会风气才有好的基础，家庭也才能成为国家发展、民族进步、社会和谐的重要基点。

家教无小事，家风成大事。中国梦是一个个家庭的梦，千千万万个小家汇聚成了中华民族的大家。筑好小家的家风，才能共同构筑中华民族这个大家的中国梦。天下之本在家，家合，人兴，国昌盛。

白雪写于 2019 年 8 月 22 日

后　记

2014年，我曾想策划一本关于家风家教的书，当时想呈现给读者的是我们中国大多数家庭所传承的优秀家教、美德家风，设想这里面的家庭既要有世家、名人之家，也要有淳朴的百姓之家。因为我们民族传承下来的传统美德、优秀文化和优质的家庭教育是由千千万万个普通家庭来弘扬和发展的。

南怀瑾先生的家庭教育可称为一代世家家风家教的典范，普通家庭代表着中国最普遍的百姓家庭。正如百花齐放的文化是多样性的，影响我们数以亿计的中华儿女成长的中国式的家风家教也应该是多样性的，它们的根本都是我们民族的品德精髓——做人、做事！不管每个家庭的境况如何，每对父母教育子女的方式如何，他们都会要求子女首先做一个品德优秀的人，善良、勤劳、勇敢！因此，每个家庭都有自己的优质家教的一面，父母一个小小的言行举止，都可能影响子女的一生。所以，我想，在一本书中，尽可能地去展现不同家庭优秀的家风家教，并希望读者能从中受到一些启迪和感悟。

后来我签约南一鹏先生主编这本书，压力很大。南一鹏先生是著名国学大师南怀瑾的第三子，曾在父亲身边生活了二十五年，接受父亲的教导。他要以父亲南怀瑾对他的教导来写南家家风、家教，我一方面担心一家之家教是否能够全面展现中国的家风、家教，另一方面担心普通家庭是否能够借鉴南家家风家教。然而，当我拿到书稿后很意外！南一鹏先生写的不仅仅是父亲对自己言传身教，更是从生活中直接讲述家教的意义。

南先生在文中谈到了父亲对他的教育，更多的是提示注重家教的重点。这本书简直就是一本家风、家教的教科书。他从“家庭和社会的责任”“中华民族的最新挑战”等多个方面阐述家风、家教的重要性，从“家训开启家风”“家道靠传承”“家教先做人”等几个方面把家训、家风、家道、家教的概念解读得清清楚楚、明明白白。这本书中的家风、家教经验不但可以让很多家庭借鉴，更可以成为学校开展家风、家教宣传教育的“教科书”。南一鹏先生在书中把自己这些年学习的心得和感悟及近年的讲学总结归纳，通过浅显易懂的表达方式传递给读者，中西方家教文化都包含在其中。

主编这本书之前，我刚刚完成《少年南怀瑾》珍藏版的修订。在修订的过程中，一直感慨南一鹏先生的祖父南仰周为人行事对他父亲南怀瑾的影响。南一鹏祖父南仰周凭一家之力完成资本调动，买粮应急救灾荒；为村里修建新陡闸，改善地方的水利设施，避免当地水患。这一切，与南怀瑾先生为金温铁路筹集资金，最后又还路于民何其相似。南仰周先生尽管是生意人，但他对金钱的态度却不同于一般商人；他赚到钱不是为了自家享乐，而是拿去修桥铺路，只要用于公益事业，从不考虑付出多少。这和南怀瑾先生写给孩子的“功勋富贵原余事，济世利他重实行”是一个道理。

南仰周先生宅心仁厚、一心为民的公德心，无异于最好的家教。南怀瑾先生从青年起就致力于接续中华文化的断层，一生传承文明，教化众生，视天下人如子女，不也是给孩子最好的身教吗？多年后，在美国核桃市居住的南一鹏先生为了居民的权益，无所畏惧地向老牛仔拍桌子抗议，为争取华人权益和消除种族歧视不断努力，做了很多工作，最后还高票当选为当地第二位华人市议员；他也曾组织带领参访团到中国考察参观，宣传推广中华文化。他说这些都是受父亲的影响。自父亲去世后，他默默地接过父亲南怀瑾肩上的担子，全力以赴、全身心地推广中华优秀传统文化，希望能把中华文化的种子种进海峡两岸孩子们的心中，同时也让孩子们对民族文化有认同感和归属感。

在本书中，南一鹏先生并没有用过多的笔墨描绘南家的家风、家教，而是关注我国的教育现状。他看到当前我们的家庭教育、学校教育和社会教育没能很好衔接，教育不同步，受伤的是孩子。尤其是80后、90后的父母，他们面对各种压力，生活焦虑忙碌。而当前，我们的教育发展远远跟不上我们时代的发展，跟不上社会的改革和进步。多元的社会需要多元化的教育，南一鹏先生这本书无疑是给当代父母最好的家教指南。他指出：家庭教育是学校教育和社会教育的基础，孩子在家学“礼”，出门学“法”。他提出：教育是教你如何思考，而不是获取思想。思想是已经完成的概念，不需要人教，任何人都可以去获取；而思考是拓展一个人的眼界，不局限于现有的思维，能开创一个全新的角度去诠释既有的现象。他指出：家庭教育对个人的成长有很大的模范作用，父母是孩子成长中第一个模仿的对象，如果父母的价值观不符合社会的价值需要，那么这个家庭成长起来的子女将会与社会的需求格格不入。书中一系列的观点和诠释很值得当代父母学习。

我们的民族教育就是众多父母用无声的行为来形成自己的教育方式和良好的家风。如果每个人都能从父母长辈身上感悟到他们的优秀品德、良好习惯及做人做事的态度，把更多的传统美德、文化、家风、家教传承和传播开来，那么我们的民族必将呈现伟大的复兴，我们的未来社会必将是高度文明和繁荣的社会。

让我们始终相信善良，不改初心，永不放弃，在苦难中坚持，在逆境中展望，在顺境中稳健，一户户人家一代代相传，把民族的精神融入到家风家教中。好家风汇成好国格，好家教汇成好国道。千家万户都好，国家才能好，民族才能好。

徐　茹

2019 年 3 月 1 日